Mathieu Vidard

Sur le pouce

Un petit doigt pour la main,
un pas de géant pour l'humanité

Dessins de Tommy

Grasset

ISBN 978-2-246-83051-1

Tous droits de traduction, de reproduction et d'adaptation
réservés pour tous pays.

© *Éditions Grasset & Fasquelle, 2024, pour le texte et les illustrations.*

À mon fidèle pouce gauche qui a été pendant longtemps un compagnon très réconfortant.

À défaut d'autres preuves, le pouce me convaincrait de l'existence de Dieu.

Isaac Newton

Introduction

« Un livre sur le pouce ? Quelle drôle d'idée ! »

Pendant toute son écriture, le récit autour de ce doigt à deux phalanges a suscité des réactions contrastées de la part de mon entourage. Un ami auquel je confiais m'être attaqué à la chose s'est montré très dubitatif en m'interrogeant sur le nombre de chapitres qu'il était possible de fournir sur un tel sujet.

Pourtant, à mesure que je partageais mes découvertes sur l'histoire, l'évolution, les prouesses et les anecdotes de notre appendice préhensile, l'intérêt semblait s'éveiller, chacun y allant de sa question, de sa référence ou de sa remarque, m'aidant sans le savoir à compléter ma documentation.

L'idée d'écrire un livre sur le pouce opposable est venue de mon éditeur Charles Dantzig qui a l'habitude de réfléchir à haute voix en lâchant des thèmes à la volée lorsqu'il s'agit d'aider ses auteurs en panne d'inspiration. C'était mon cas. Mais au moment où le pouce est arrivé dans sa liste improvisée, quelque chose s'est immédiatement allumé dans ma tête. Une lumière, que dis-je, des clignotants se sont mis soudainement à éclairer mon esprit embrumé. Le pouce opposable résonnait avec force en moi.

Fidèle compagnon pendant de très (trop ?) nombreuses années, jusqu'au début de mon adolescence, ce doigt singulier a plongé plus d'une fois ma mère dans le désespoir face au spectacle édifiant de son fils la bouche accrochée à son pouce à un âge auquel certains de ses congénères de collège étaient depuis longtemps déjà passés à la cigarette, voire à d'autres plaisirs nicotiniques.

Ce petit appendice, bien trop souvent sous-estimé, a été pour moi une source de confort et de sécurité. Je me souviens avec nostalgie de ces heures passées à creuser consciencieusement le voile de mon palais à l'aide de ce camarade toujours là quand j'en avais besoin. Le monde des adultes fait preuve d'un étonnant déficit de mémoire lorsqu'il s'agit de considérer le bien-être engendré par la succion du pouce. Ont-ils complètement oublié leur vie de fœtus, baignant confortablement dans le liquide amniotique avec ce petit pouce prêt à tous les arrangements pour aider le futur nouveau-né ? Les parents minimisent également beaucoup le temps qu'ils gagnent lorsque leur progéniture choisit de calmer elle-même ses tensions en faisant appel à ce doigt souverain, plutôt que de provoquer leurs nerfs à coups de hurlements et d'agitations incontrôlées.

Je ne suçais pas seulement mon pouce, j'avais en complément une peluche chimpanzée, baptisée Cheeta, que je reniflais intensément tout en me frottant l'index sur le nez. Cheeta était une amie adorée et ma proximité avec ce grand singe était telle que je militais activement contre toute tentative de lavage en machine. Cheeta était unique et je résistais coûte que coûte, pour ne pas perdre son odeur enivrante qui avait acquis au fil du temps la force et le caractère d'un vieux fromage affiné pendant des mois en cave.

Plus tard, lorsque j'ai quitté les habits de l'enfance pour entrer dans le monde des études et du travail, j'ai dû laisser mon pouce et Cheeta dans la boîte à souvenirs, sous peine de me faire interner dans le premier hôpital du coin. J'étais loin d'imaginer à quel point l'histoire du pouce est liée à celle des primates.

Durant mes années d'émissions scientifiques à la radio avec « La Tête au carré » sur France Inter, le pouce opposable est revenu de temps en temps me rendre visite, mais par le prisme de la connaissance distillée au micro par mes invités. Qu'ils soient issus du monde de la primatologie, de la paléoanthropologie ou de la génétique, chacun évoquait à sa façon cet aspect singulier de l'anatomie qui a donné à notre humanité un outil d'une telle efficacité.

Fruit de millions d'années d'évolution, le pouce opposable forme une pince d'une simplicité redoutable nous permettant la préhension pour tourner, fléchir, pivoter, pincer, saisir et manipuler toutes sortes de choses. Sans lui nous ne pourrions pas utiliser des objets de toutes les tailles, écrire, pratiquer de nombreuses activités quotidiennes ou scroller sur nos téléphones.

La lecture que vous vous apprêtez à entamer en vous plongeant dans cet ouvrage consacré au pouce ne serait pas possible sans... votre pouce. Prenez un instant pour observer ce doigt étonnant venu des temps les plus lointains. Avez-vous réalisé l'ingénieux mécanisme qui se met en œuvre pour que ce livre reste confortablement ouvert entre vos mains ? C'est une petite merveille de coordination qui se joue actuellement sous vos yeux. Sans lui, la lecture de cet ouvrage serait un véritable défi, un exercice d'équilibre précaire et un acte bien moins confortable.

Nous allons partir ensemble pour un long voyage qui commence alors que les dinosaures géants paradaient encore dans une ambiance tropicale. À cette époque, certains mammifères n'attendaient qu'une chose : pouvoir gagner de l'espace pour s'épanouir pleinement face à ces « lézards terriblement grands ». Et puis la roue a tourné lorsque le ciel est tombé sur la tête de ces maîtres du monde, grâce au coup de pouce d'une gigantesque météorite de 10 kilomètres de diamètre. Les mammifères ont pu ainsi prendre leurs aises dans des niches écologiques laissées vacantes. Les primates ont ensuite émergé avec leur pouce opposable, nos ancêtres hominidés s'en sont emparés afin d'améliorer leur vie quotidienne puis Steve Jobs est arrivé avec son iPhone, faisant d'*Homo sapiens* la première espèce passant plus de temps le dos courbé à faire glisser son pouce sur un écran tactile qu'à chasser le mammouth laineux dans les steppes de Sibérie.

Le pouce a inspiré le cinéma, les contes pour enfants, les artistes de la Préhistoire, les gladiateurs, les ingénieurs de la Silicon Valley ou les apprentis Frankenstein. Mais il est avant tout ce héros silencieux du quotidien qu'Aristote appelait « l'instrument des instruments » et que les chirurgiens veulent sauver à tout prix lorsque sa fonctionnalité se trouve menacée.

Ce pouce qui se tient là au bout de notre bras n'est pas un simple doigt, mais un pan entier de notre histoire, un lien entre notre passé de primate arboricole et notre condition d'être pensant fabriquant d'outils sophistiqués. Le pouce a modelé nos sociétés et continue d'écrire notre avenir au rythme de chaque pression, chaque geste, chaque contact. Et dans l'ombre, il reste l'une des plus grandes réussites de notre humanité.

CHAPITRE 1

Le pouce du dicopathe

Pouce, *nom commun, masculin*

Commençons notre histoire du pouce par l'exploration d'une maison peu ordinaire. Elle appartient à un homme dont le métier est la science des mots, de leurs fonctions et de leurs relations dans la langue. Son nom est Jean Pruvost, il est lexicologue.

Cet amoureux des mots est aussi un collectionneur de dictionnaires. Il en possède plus de dix mille disséminés partout dans sa maison de la banlieue parisienne. Il se définit lui-même comme dicopathe !

Lorsque j'ai entamé mes recherches sur le pouce, j'ai aussitôt téléphoné à Jean afin de lui demander s'il existait plusieurs définitions du mot. Et comme il n'est pas du genre à laisser ses dictionnaires prendre la poussière dans ses innombrables bibliothèques, il m'a immédiatement invité à venir moi-même les ouvrir pour consulter leurs trésors et nourrir cette première entrée consacrée aux définitions du pouce.

C'est ainsi que j'ai débarqué, par une matinée d'été, dans cette maison de plusieurs étages où aucune pièce, aucune armoire, aucun escalier, aucune cave ni grenier ne dispose de son lot de dictionnaires. Il y en a même dans la salle de bains et les toilettes !

Parmi eux, Jean Pruvost possède plusieurs joyaux, comme le dictionnaire de 1685 d'Antoine Furetière, qui a été le premier lexicographe de la langue française sous Louis XIV, ou la collection complète des *Petit Larousse illustré* de 1905 à nos jours.

J'étais donc au bon endroit et avec le meilleur guide possible. Mon expédition a pu commencer, guidée par l'enthousiasme et la générosité de Jean Pruvost qui m'a accompagné dans toutes les contrées de la lexicologie et, surtout, au cœur d'un dédale de livres où j'aurais pu me perdre à tout jamais.

Voici le fruit de cette aventure avec une sélection de définitions, évidemment non exhaustive.

Larousse

Le plus gros et le plus court des doigts de la main, opposable aux autres doigts chez l'homme et les primates.

Vient du latin *pollex*, & *pollere*
POLLEO, ES, ERE : être très puissant ; adj : qui a un grand pouvoir.

Le gros orteil.

Ancienne mesure de longueur qui valait 2,7 cm (un douzième partie du pied).

Unité de longueur valant 2,54 cm, encore en usage dans certains pays anglo-saxons ; cette même unité, utilisée partout dans le monde, pour exprimer la taille des écrans (ordinateurs, smartphones, etc.).

Dictionnaire François de Pierre Richelet (1680)

C'est le plus fort et le plus gros des doigts de la main.

Mesure qui comprend douze lignes dont chacune est large de la grosseur d'un grain de blé.

Dictionnaire universel de Furetière (1690)

Définition ancienne de **poulce** s. m.

Le plus gros doigt de la main, ou du pied.

Le poulce a plusieurs muscles particuliers, étendeurs, fléchisseurs, adducteurs & abducteurs, parce qu'il a divers mouvemens.

On luy a serré les *poulces*, pour luy faire découvrir son tresor.

Poulce est aussi la douzième partie d'un pied de Roy, qui contient douze lignes ou grains d'orge.

Poulcier est une figure de *poulce* faite de fer-blanc que les chirurgiens attachent à une main pour tenir lieu d'un poulce coupé, par le moyen duquel on peut encore manier la plume et les armes.

Encyclopédie du dix-neuvième siècle

Troisième édition, tome dix-neuvième (1872)

POUCE : On entend par ce mot, en anatomie, le premier doigt de la main. L'analogue au pied, prend communément le nom de gros orteil. Le pouce est le plus gros de tous les doigts. Sa longueur n'est guère supérieure à celle de l'Auriculaire. Il se distingue par l'absence d'une phalange.

L'écartement qui sépare son os du métacorne de celui du doigt index, la mobilité de cette partie sur le métacorne et l'action de muscles précieux et indépendants pour l'exercice de ses mouvements, font qu'il peut être opposé à tous les autres doigts.

L'homme partage cette faculté qui entre autres distingue sa main de son pied, avec tout un ordre de la classe des mammifères ; mais ceux-ci jouissent de plus de la même faculté aux pieds, ce qui les a fait appeler *quadrumanes*.

En mesure de superficie, la largeur moyenne supposée du pouce avait été prise, dans l'ancien système duodécimal, pour type d'une fraction du pied formant sa douzième partie ; il se divisait lui-même en 12 lignes ; le pouce équivaut donc à 27 milli-mètres environ.

En hydraulique, on donne le nom de pouce d'eau à la quantité de liquide qui s'écoule, dans l'espace d'une minute, par une ouverture circulaire de 1 pouce de diamètre, pratiquée sur l'un des côtés d'un réser-voir, le niveau de l'eau ne dépassant pas de plus d'une ligne la partie supérieure de la circonférence de cette même ouverture.

Grand dictionnaire universel par Pierre Larousse

Tome douzième (1874)

Pouce : s.m. (pou-se, lat. pollex, qui a donné polz, pols, poulce et pouce).

Anat. Doigt le plus intense de chaque main et de chaque pied.

À Rome, on coupait le pouce aux lâches : pollex truncatus, d'où est venu le mot poltron. (J. Janin)

Le pouce est placé en avant des autres doigts comme un officier devant ses soldats destinés à lui obéir, car dans le pouce nous avons la volonté, le raisonnement, l'amour matériel, ces trois principaux mobiles de la vie (Desbarolles).

Le pouce des singes, fort peu flexible et pour cette raison peu ou point opposable, n'est regardé par quelques naturalistes que comme un talon mobile (D'Arpentigny).

Doigt postérieur des oiseaux qui ont ce doigt isolé.

Partie mobile de la pince des crustacés.

Petite jointure accessoire qui est attachée à l'ongle des pattes antérieures des mantes, insectes orthoptères.

CHAPITRE 2

Unité métrique

La définition du pouce ne serait pas complète sans l'évocation de ce doigt en tant qu'unité de mesure de la longueur.

Ces unités ont connu de nombreux changements au cours des âges. Initialement, c'étaient les parties du corps humain qui servaient de référence. La coudée, par exemple, mesurait la distance entre le coude et l'extrémité des doigts. Cette unité était courante chez les anciens peuples de Mésopotamie, d'Égypte et de Rome, avec des variations allant de 450 à 500 mm selon les régions. Des recherches indiquent que les pyramides égyptiennes, pourtant admirées pour la précision de leurs constructions, utilisaient deux variantes de la coudée : une plus longue et une plus courte. On pense que, dans le passé, les normes de mesure étaient souvent basées sur les dimensions corporelles du souverain ou d'une figure influente.

La mesure du pouce, souvent notée « Inch » ou « Inches » pour le pluriel, est une unité de longueur courante dans les pays anglo-saxons tels que les États-Unis, le Royaume-Uni et le Canada. Sa valeur est définie à 25,4 millimètres, soit 2,54 centimètres selon les normes internationales.

Bien que son symbole officiel soit « in », il est couramment représenté par les guillemets doubles (" ").

Même si le pouce est majoritairement utilisé dans les pays anglophones, on le retrouve également en Europe, notamment pour désigner la dimension de certains appareils électroniques, comme la diagonale d'un écran.

Histoire

L'histoire du pouce commencerait réellement au Moyen Âge.

En 1324, Edward II d'Angleterre utilise l'orge comme référence pour la mesure du pouce (un pouce équivaut à trois grains d'orge, secs et ronds, placés bout à bout dans le sens de la longueur).

Le roi David Ier d'Écosse, au XIVe siècle, définit à son tour le pouce écossais selon la largeur d'un pouce masculin moyen mesuré au niveau de la base de l'ongle. Mais comme il fallait s'y attendre, en raison des variabilités de la largeur des doigts selon les individus, la mesure du pouce a souvent été calculée de manière approximative.

Au fil du temps, de telles unités basées sur des objets ou des parties du corps humain ont été standardisées pour faciliter le commerce et la communication.

Au XIXe siècle, avec l'essor de la révolution industrielle et la nécessité d'une standardisation pour le commerce et l'industrie, il devient impératif d'avoir des mesures uniformes. En 1824, le « système impérial d'unités » est formalisé en Grande-Bretagne. L'influence politique et économique de la Grande-Bretagne, puis plus tard des États-Unis, a contribué à la diffusion de ce système à travers le monde, notamment dans les pays anglophones.

En 1959, afin d'éviter les légères variations dans la taille du pouce selon les pays et faciliter les échanges et la production dans un contexte de plus en plus mondialisé, un accord est signé par les États-Unis, le Canada, le Royaume-Uni, l'Australie, la Nouvelle-Zélande et l'Afrique du Sud pour standardiser la longueur du pouce.

Le pouce est défini comme étant exactement égal à 2,54 cm. Ce calcul prend en compte la distance entre la phalange et l'extrémité du pouce qui correspond environ à 2,54 cm.

Yard :

Cette unité de mesure de la longueur (système impérial britannique), encore utilisée aux États-Unis, est définie comme exactement 0,9144 mètre depuis 1959.

Anciennement appelé verge en France, notamment pour mesurer les tissus ; la verge est encore utilisée aujourd'hui au Canada, principalement dans le domaine du football nord-américain.

1 yard = 3 pieds = 36 pouces
1 mile = 1760 yards
1 yard = 91,44 centimètres

Conversion :

Un inch (un pouce) mesure 2,54 centimètres.

Il faut 12 inches pour faire un pied (foot).

Un pied vaut donc $12 \times 2,54 = 30,48$ cm exactement.

Un yard (ou verge) correspond à trois pieds, soit $30,48 \times 3 = 91,44$ cm.

En Europe, le pouce peut encore être utilisé pour certains usages courants, notamment ceux concernant les objets de petite taille. C'est le cas par exemple pour les tailles des vêtements, des gants, des bérets formés sur des gabarits circulaires en bois qui n'ont pas été modifiés avec l'adoption du système métrique.

Par exemple, la largeur d'un gant fixée à 8,5 pouces est égale à 21,59 cm.

Pourquoi la taille des écrans s'exprime-t-elle en pouces ?

La mesure de la diagonale des écrans en pouces trouve ses racines dans les débuts de la télévision aux États-Unis. Lorsque les premiers téléviseurs ont été introduits sur le marché américain, la taille de l'écran a été un élément de marketing important. Les fabricants ont choisi de mesurer la diagonale de l'écran car c'était la plus grande dimension possible, rendant le téléviseur plus attrayant pour les consommateurs. Mesurer la diagonale au lieu de la hauteur ou de la largeur offrait aussi l'avantage d'une comparaison uniforme entre les écrans de formats différents.

Le pouce, étant l'unité de mesure standard aux États-Unis, a été utilisé pour exprimer cette dimension. Comme la technologie de la télévision et, plus tard, des ordinateurs, des tablettes et des smartphones s'est répandue à l'échelle mondiale, cette convention de mesure en pouces s'est également propagée, même dans les pays comme la France utilisant le système métrique.

Afin de respecter les réglementations en vigueur dans notre pays, les fabricants mentionnent souvent aussi la dimension en centimètres sur l'emballage ou dans les spécifications du produit pour le marché français. Cela garantit aux consommateurs un accès à une mesure conforme aux normes nationales, tout en permettant une comparaison avec les produits internationaux qui utilisent le standard du pouce.

Correspondance des diagonales d'écran en pouces et centimètres

La taille de la diagonale est placée au début ou parfois après une référence en deux ou trois lettres.

Exemple : SAMSUNG TQ**55**S95C ou SONY KD**55**X85L sont des téléviseurs 55 pouces.

Pour obtenir la taille de la diagonale en centimètres, il suffit de prendre le chiffre en pouces et de le multiplier par 2,54.

Diagonale en pouces	Diagonale en cm	Largeur x hauteur (cm)
47"	119,4 cm	104 x 58,5 cm
50"	127 cm	110,7 x 62,3 cm
55"	139,7 cm	121,8 x 68,5 cm
60"	152,4 cm	132,8 x 74,7 cm

Le pouce c'est aussi :

Une unité de débit

Le pouce fontainier (ou pouce de fontainier ou encore pouce d'eau) était une unité de débit de l'Ancien Régime.

Elle correspond à la quantité d'eau qui s'écoule par un orifice d'un pouce de section dans une paroi mince verticale quand le niveau de l'eau se situe un pouce au-dessus de l'orifice. Cela représente environ

13 litres par minute (672 pouces cubes d'eau par minute).

Une unité de pression

   Le pouce de mercure (inHg) est une unité de pression. Il est toujours en vigueur dans le domaine aéronautique aux États-Unis, pour indiquer la pression atmosphérique dans les bulletins météorologiques, dans les altimètres et la réfrigération.

   C'est la pression exercée par une colonne de mercure de 1 pouce (25,4 mm) de hauteur à l'accélération standard de la gravité. La conversion en unités métriques dépend de la température du mercure, et donc de sa densité.

Une unité de volume

   Le pouce cube : souvent noté « in^3 », c'est une unité de mesure du volume aux États-Unis. Il représente le volume d'un cube dont chaque côté mesure un pouce de long. Il est égal à 16,387 064 centimètres cubes.

   Un gallon vaut par définition 231 pouces cubes.

CHAPITRE 3

Le pouce opposable

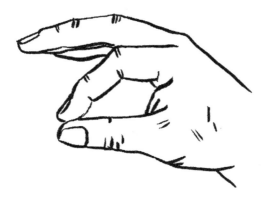

Venons-en à présent au cœur du sujet, celui qui intéresse le plus les primates autocentrés que nous sommes : le pouce de notre main. Ce qui rend la main si particulière chez les humains et chez de nombreux autres primates, c'est le pouce opposable. L'opposabilité, c'est la capacité pour la pulpe de notre pouce de se positionner entièrement sur la surface de la pulpe des autres doigts. Faites l'expérience :

lorsque le coussinet de votre pouce se pose sur celui d'un autre doigt, les deux pulpes entrent en contact et s'opposent. Cette opposabilité est une caractéristique propre au pouce puisqu'il est impossible pour les autres doigts de s'opposer ensemble (si vous y parvenez, contactez immédiatement « Incroyable Talent »).

Si le pouce humain se distingue, on le verra, par ses capacités fonctionnelles, son opposabilité n'est pas une spécificité de la seule espèce *Homo sapiens*. Tous les grands singes et la plupart des singes africains et asiatiques ont également un pouce opposable, ce qui facilite la capacité de préhension qui caractérise les primates.

Pendant longtemps, explique l'anthropologue J. Norbert Kuhlmann dans la *Revue de primatologie*, « l'opposition du pouce chez les singes [a été] absolument niée. Au début du dix-neuvième siècle, c'est même l'opposabilité du pouce qui distingue l'homme des autres espèces animales. Ce n'est que dans les années 1930 que des auteurs s'inscrivent en faux contre ces affirmations (Ashley-Montagu, 1931 ; Midlo, 1934). Pour eux, le pouce des primates catarrhiniens, contrairement à celui des primates platyrrhiniens, était parfaitement capable d'opposition ». Nous y reviendrons.

Ce qui rend le pouce humain spécial par rapport à celui des autres primates, c'est le plus grand nombre et la plus grande taille de ses muscles, ainsi que sa longueur, ce qui facilite la connexion de la pulpe du pouce avec les autres doigts et permet à la main humaine de saisir et manipuler des outils avec une très grande précision.

Notre espèce possède, proportionnellement aux autres primates, le pouce le plus long par rapport aux autres doigts. Le rapport est toujours calculé sur la base du pouce et de l'index, ce qui permet d'en déduire le degré de précision dans la manipulation entre le bout du pouce et celui de l'index. Même si la taille du pouce humain par rapport à l'index peut varier considérablement d'une personne à l'autre, en raison de facteurs génétiques et environnementaux, dans notre espèce le pouce correspond en moyenne à 70 % de la taille de l'index.

Chez l'orang-outan, par exemple, c'est moins. Le pouce de ce primate est beaucoup plus petit par rapport à son index, qui est très long, ce qui ne favorise pas une opposition directe de ses deux doigts afin de saisir avec précision de petits objets. Les orangs-outans privilégient les saisies « pad to side », en opposant le pouce au côté de l'index. Cet aspect morphologique montre que les grands singes peuvent posséder des capacités manuelles développées (utilisation d'outils variés) sans pour autant être précis.

Pour cette enquête sur le pouce, j'ai pu discuter avec l'anthropologue et primatologue Ameline Bardo, spécialiste de la manipulation manuelle chez les primates (y compris les humains) et des liens entre la morphologie et la biomécanique de leurs mains. Ses recherches visent à mieux comprendre l'évolution des capacités de manipulation et la dextérité chez les hominines fossiles. Ses travaux ont confirmé que les humains actuels possèdent cette morphologie bien particulière qui leur permet de mettre le pouce en abduction (opposé vers les autres doigts) pour le maintenir avec force. La morphologie des autres grands singes leur permet plutôt de faire des mouvements en adduction (le pouce tend vers l'index au lieu de s'opposer complètement).

Grâce à son articulation trapézio-métacarpienne (située à la base du pouce), le pouce humain est plus mobile que chez la plupart des autres primates, et sa musculature plus développée et indépendante nous permet d'appliquer davantage de force entre l'index et le pouce.

Chez les grands singes, c'est notre cousin le gorille qui présente une proportion de la main se rapprochant le plus de la main humaine.

Enfin, l'autre différence de taille entre les humains et les autres primates réside dans le fait que nous n'utilisons plus nos mains pour la locomotion. Bien que de nombreux singes et grands singes possèdent des pouces opposables, ces derniers sont encore utilisés dans un contexte de locomotion (comme se balancer de branche en branche pour les grands singes). Pour les humains, ne pas utiliser les mains pour se déplacer a permis un développement significatif de la dextérité et de la précision, rendant possibles des mouvements fins et des gestes minutieux, essentiels aux activités telles que l'écriture, la couture, la manipulation d'outils délicats et, bien sûr, la capacité de tenir des objets.

Mammalogie

Le pouce opposable est donc une des caractéristiques qui distinguent plusieurs espèces de primates, mais aussi de nombreux autres mammifères. Son émergence a marqué une étape décisive dans l'histoire de nos lointains ancêtres. C'est l'occasion de prendre la machine à remonter l'évolution pour tenter de nous rendre aux racines de ce doigt et de dater son apparition, même s'il convient de reconnaître d'emblée que la recherche du tout premier pouce opposable représente une tâche insurmontable. Les paléoanthropologues sont en effet confrontés à l'impossibilité de découvrir le « pouce originel », en raison des défis inhérents à la récupération d'un tel fossile.

Mais avant l'émergence du premier pouce opposable, faisons un rapide saut encore plus loin en arrière, pour évoquer l'histoire des mammifères qui remonte, comme celle des dinosaures, au Trias, il y a 220 millions d'années (Ma).

Durant l'ère des dinosaures, les mammifères étaient généralement de petite taille. Certains animaux cependant pouvaient atteindre la taille d'un chien actuel (12 à 15 kg), comme Repenomamus, une espèce vivant au Crétacé inférieur (125 Ma) en Chine. La longueur du corps de ce mammifère carnivore avoisinait un mètre et son crâne mesurait 16 centimètres. Un fossile de Repenomamus a révélé, dans le contenu stomacal de l'animal, la présence d'ossements de petits mammifères mais aussi de petits dinosaures. Bien que considérablement plus grand que la plupart des mammifères de son époque, il était minuscule comparé aux dinosaures qui dominaient la planète.

Le groupe auquel nous appartenons, celui des placentaires ou Euthériens, le plus important groupe actuel de mammifères, date du début du Crétacé il y a 130 millions d'années.

Les placentaires

Comme leur nom l'indique, les mammifères placentaires se distinguent par la présence d'un placenta durant le développement embryonnaire. Ce groupe comprend des espèces actuelles réparties en plusieurs ordres, allant des rongeurs et des chauves-souris, qui sont les deux plus grands ordres en termes de nombre d'espèces, aux carnivores, cétacés, primates, et bien d'autres. Les humains sont donc des mammifères placentaires.

Parmis les vertébrés actuels, les mammifères occupent une place majeure en raison de leur incroyable diversité adaptative. Et même s'ils ne représentent que 4 500 espèces, ce qui est très inférieur aux poissons osseux (50 000 espèces) ou aux oiseaux (9 700 espèces), les mammifères ont développé des formes et des tailles très variées, et ont su coloniser tous les milieux (terrestres, arboricoles, aquatiques, aériens, désertiques ou montagneux, etc.).

Bienvenue chez les primates

Place à l'histoire du pouce opposable ! On peut la faire remonter à 80 ou 65 millions d'années, au moment où apparaît le groupe des primates. Nous sommes à la fin du Crétacé. Cette époque est marquée par les derniers instants du règne des dinosaures non aviens. Ces animaux disparaissent lors d'une extinction de masse (extinction K-T pour Crétacé-Tertiaire) engendrée par l'impact d'un astéroïde majeur près de la péninsule du Yucatán, au Mexique, ainsi que par la multiplication d'éruptions volcaniques majeures. Ces événements cataclysmiques vont avoir des répercussions à l'échelle de la planète puisque 75 % de toutes les espèces présentes sur Terre, y compris la plupart des dinosaures non aviens, disparaissent. Adieu Tyrannosaurus rex, Triceratops, Velociraptor, Edmontosaurus et Titanosaurus.

C'est dans ce contexte de fin du monde que les mammifères, qui n'étaient alors que les vassaux obligés des dinosaures, vont profiter d'un grand nombre de niches écologiques laissées vacantes pour prospérer et se diversifier. Parmi les rescapés de la catastrophe apparaissent les primates, qui donneront des millions d'années plus tard... les humains.

À l'origine des primates, on trouve des formes de petits mammifères qui vivaient au début du Paléogène, il y a 65 millions d'années.

Très tôt, ces mammifères développent des adaptations qui leur permettent de prospérer. Ils sont arboricoles, possèdent des dents grâce auxquelles ils peuvent se nourrir de fruits et d'insectes qu'ils parviennent à saisir avec les mains et les pieds.

— 35 —

Dès cette époque lointaine, le cinquième doigt de ces premiers primates présente une particularité : il est plus court d'une phalange par rapport aux quatre autres. Mais on assiste également à un autre changement anatomique notable : la transformation des griffes en ongles plats. Et même si l'on trouve encore aujourd'hui des griffes chez certains primates comme les ouistitis, ce changement est considéré comme un facteur clé dans l'adaptation des primates à de nouveaux comportements et modes de vie. En effet, les ongles plats améliorent leur capacité de saisir et manipuler des objets de petite taille, notamment en élargissant la surface de contact du bout des doigts. Ces ongles ont de nombreux avantages. Ils permettent non seulement de procéder à un toilettage plus efficace, mais aussi de se gratter, se défendre contre les prédateurs ou se battre pour le territoire. Ils peuvent également aider à la locomotion dans les arbres en facilitant les prises sur les branches lisses, ce qui permet de réduire le risque de glissement.

Cette transition des griffes aux ongles est l'une des nombreuses adaptations qui ont accompagné le développement du pouce opposable, avec le développement de bras plus mobiles et d'une vision stéréoscopique. Toutes ces caractéristiques ont facilité la vie arboricole et la dextérité manuelle des primates.

L'apparition du pouce opposable

Il y a 45 millions d'années apparaissent nos ancêtres catarrhiniens. Ces premiers primates simiiformes auraient émergé en Asie avant de se disperser vers l'Afrique entre 45 et 40 millions d'années. Ce groupe de primates dits « singes de l'Ancien Monde » est aujourd'hui représenté par les babouins et les macaques, ainsi que les hominoïdes (grands singes et humains). Tous ces singes ont en commun un doigt indépendant placé sur le côté, qui peut se diriger vers l'intérieur de la paume et qui est capable de s'opposer à tous les autres.

Le pouce opposable est né, et avec lui la préhension dite de « précision » qui permet à ce doigt libre et très mobile d'effectuer une rotation à 90 degrés. Le pouce opposable a pour caractéristique de former avec l'index une véritable pince pour saisir des objets, manipuler finement des outils et se déplacer pour grimper aux arbres et attraper des branches.

La découverte en 1983, dans une carrière de schiste bitumineux en Allemagne, d'un fossile de primate vieux de 47 millions d'années, confirme l'existence du pouce opposable à cette époque. Baptisé Ida et présenté au public en 2009 seulement, ce fossile date de l'Éocène moyen. Son nom scientifique, Darwinius masillae, lui a été donné à l'occasion du bicentenaire de la naissance de Charles Darwin et fait référence à son lieu de découverte, la ville allemande de Messel. Il y a 47 millions d'années, le cadavre de ce primate a été englouti dans un lac de cratère puis piégé dans les sédiments où il s'est fossilisé pendant

— 37 —

470 000 siècles ! Ses ossements ont été conservés à 95 %.

Darwinius masillae était une femelle juvénile, frugivore, qui vivait probablement la nuit. Elle appartient à une espèce éteinte de primates archaïques faisant partie de l'infra-ordre éteint des Adapiformes.

Les platyrrhiniens, les singes dits « du Nouveau Monde », se sont quant à eux séparés des catarrhiniens il y a 35 millions d'années. Leur histoire évolutive les différencie donc des « singes de l'Ancien Monde ». Leur pouce est moins opposable et a parfois presque disparu, comme chez les singes atèles qui vivent aujourd'hui en Amérique du Sud. Appelés également « singes-araignées », ils sont très agiles et rapides, de véritables acrobates des cimes de la forêt amazonienne. Ils se déplacent avec aisance dans les arbres en utilisant leur queue comme un cinquième membre et leurs mains comme des crochets. Chez le singe atèle, le pouce n'intervient pas dans la locomotion.

La quasi-absence du pouce chez les singes-araignées leur permet de créer un crochet plus efficace avec leurs mains, facilitant ainsi leur capacité à se suspendre aux branches. Bien que cette adaptation limite leur dextérité pour manipuler des objets par rapport à d'autres primates munis de pouces pleinement opposables, elle est idéale pour leur style de vie dans la canopée des forêts tropicales.

Chez les « singes du Nouveau Monde », on trouve quand même certaines espèces comme les capucins sud-américains qui possèdent un pouce préhensile et pseudo opposable très proche du modèle humain. Ils s'en servent par exemple pour manipuler des outils et casser des noix en les percutant avec de grosses pierres.

Les mains (presque) complètes sont rares dans les fossiles retrouvés sur le terrain ; quelques spécimens clés permettent cependant de comprendre comment nos ancêtres primates se déplaçaient en utilisant les mains. Parmi les fossiles les plus anciens et les plus rares en matière de mains pratiquement complètes on peut citer Ekembo heseloni, l'un des premiers hominoïdes trouvés au Kenya. Vieux de 17,8 millions d'années environ, il appartient à la famille éteinte des *Proconsulidae*, des singes catarrhiniens de la super-famille des *Hominoidea* ayant vécu en Afrique de l'Est durant le Miocène. La paléontologue Brigitte Senut dans le numéro de la revue *L'Archicube* consacré à la main en 2021, expliquait que la morphologie du poignet et des doigts de cet individu suggère qu'il se déplaçait de manière quadrupède dans les arbres en utilisant la paume de ses mains, un peu à la manière des singes capucins en Amérique du Sud ou des cercopithèques arboricoles africains.

> Aujourd'hui, le gélada (*Theropithecus gelada*) est un singe de grande taille qui ressemble au babouin et qui vit sur les hauts plateaux d'Érythrée et en Éthiopie. Il possède les pouces opposables les mieux développés parmi les singes de l'Ancien Monde, ce qui lui permet d'arracher les herbes avec une grande dextérité pour trouver les parties les plus nourrissantes.

Nos ancêtres primates vivaient dans des milieux boisés et devaient passer une grande partie de leur temps dans les forêts, ce qui a nécessité des adaptations anatomiques spécifiques liées à la vie et au déplacement dans les arbres. Ces adaptations incluent des mains et des pieds préhensiles pour saisir les branches et sauter de branche en branche. C'est donc dans cet environnement arboricole très ancien que la main humaine va puiser ses racines.

Bipédie

L'Europe a été pendant plusieurs millions d'années un territoire peuplé de nombreux hominoïdes (grands singes). On en comptait près d'une dizaine de genres distincts qui ont disparu il y a environ neuf millions d'années. À cette époque, le pourtour méditerranéen a été le théâtre de profondes perturbations climatiques connues sous le nom de crise du Vallésien. Un refroidissement significatif, accompagné d'une nette augmentation des variations saisonnières, a entraîné une transformation radicale des écosystèmes locaux. Les forêts tropicales luxuriantes de l'actuelle Europe ont cédé la place à des forêts tempérées de feuillus. Ces bouleversements ont probablement conduit à la disparition de nombreux mammifères, notamment tous les grands singes cousins des gorilles, des chimpanzés et des orangs-outans actuels, à l'exception notable de l'*Oreopithecus*, qui a persisté

— 40 —

pendant deux millions d'années dans cet environnement en mutation. Ce genre n'est représenté que par une seule espèce, *Oreopithecus bambolii*. Cette dénomination a été donnée en 1872 par le paléontologue français Paul Gervais, qui a mis au jour ses fossiles à Monte-Bamboli en Italie (Toscane actuelle).

En 1958, le paléontologue suisse Johannes Hürzeler découvre un squelette fossile complet d'oréopithèque à Baccinello, toujours en Toscane. L'examen du bassin et des pieds de ce fossile daté d'environ 8 millions d'années suggère que ce singe était capable de se maintenir en position bipède, au point de conclure à l'époque qu'il s'agissait d'un ancêtre de l'Homme pratiquant une bipédie terrestre courante. Que faut-il en penser ?

« En regardant cet individu, explique Brigitte Senut, on peut voir que sa main fossile indique une série de traits présents chez l'homme avec un pouce relativement long, une puissante insertion du fléchisseur du pouce qui était adaptée à des saisies de précision entre les extrémités des doigts et une certaine mobilité de ces derniers.

Oreopithecus bambolii devait occasionnellement utiliser la marche en position redressée avec une forme de bipédie très ancienne inconnue chez les autres espèces de primates contemporaines ou immédiatement postérieures. Ses membres supérieurs montrent qu'il se suspendait également aux branches des arbres pour se déplacer.

La locomotion de l'oréopithèque et le lien entre l'aptitude à la bipédie et l'adaptation à la suspension

– 41 –

et au grimper vertical, suggèrent que la bipédie trouve ses origines dans les arbres. »

« La question, plus polémique, poursuit Brigitte Senut, est plutôt de connaître le(s) mode(s) de locomotion qu'*Oreopithecus bambolii* pratiquait. Se balançait-il dans les arbres ou marchait-il sur le sol uniquement sur ses deux pieds ? Ou les deux à la fois ? » Cette dernière hypothèse est aujourd'hui privilégiée.

En septembre 2013, une nouvelle étude publiée en ligne dans le *Journal of Human Evolution* donnait un nouvel éclairage à ce débat concernant la marche bipède d'*Oreopithecus bambolii*.

Le Dr Gabrielle Russo, de l'Université du Texas à Austin, principal auteur de l'étude, affirmait que « même si *Oreopithecus bambolii* a marché sur deux pattes comme savent le faire les singes sur de courtes périodes, un nombre croissant de preuves anatomiques démontrent clairement qu'il ne le faisait pas habituellement ».

Pour l'affirmer, Russo et son équipe ont analysé des fossiles d'*Oreopithecus* pour voir si le singe possédait une anatomie inférieure de la colonne vertébrale compatible avec la marche bipède. Ils ont comparé les mesures de ses vertèbres lombaires et de son sacrum – un os triangulaire à la base de la colonne vertébrale – à celles des humains modernes, des hominines fossiles et d'un échantillon de mammifères se déplaçant couramment dans les arbres, notamment des singes, des paresseux et un lémurien éteint.

— 42 —

Résultat : l'étude montre que l'anatomie des vertèbres lombaires et du sacrum d'*Oreopithecus* est différente de celle des humains et plus similaire à celle des singes, ce qui indique qu'elle est incompatible avec les exigences fonctionnelles de la marche debout telle que la pratique un humain. Même si *Oreopithecus bambolii* pouvait faire quelques pas de façon bipède, il ne pouvait pas rester debout de manière prolongée ni se déplacer sur de longues distances.

La bipédie est l'une des caractéristiques définissant les humains et leurs ancêtres directs. Mais cette faculté de se déplacer sur ses deux membres inférieurs n'est pas apparue subitement. Nos ancêtres ont testé à plusieurs reprises la position verticale au cours de l'évolution humaine. Les scientifiques estiment que la bipédie a plutôt commencé à se développer chez nos ancêtres il y a environ 4 à 7 millions d'années.

Les premières preuves fossiles de la bipédie proviennent d'hominines comme « Ardi » (*Ardipithecus ramidus*) qui a vécu il y a environ 4.4 millions d'années ou la célèbre « Lucy » (*Australopithecus afarensis*), (3.2 millions d'années). Ces créatures montrent plusieurs adaptations à la marche bipède, y compris des changements dans la structure du bassin, de la colonne vertébrale et des membres inférieurs.

Cependant, cette bipédie des premiers hominines n'était pas exactement semblable à la nôtre. Si Ardi

et Lucy ont pu marcher sur leurs membres inférieurs, ils étaient également adaptés à la vie dans
les arbres et passaient sans doute une partie de leur
temps à y grimper.

Selon les hypothèses, la bipédie, telle que nous la
voyons chez les humains modernes, ne s'est probablement pas développée avant l'émergence du genre
Homo, il y a environ deux millions d'années. C'est
seulement à partir de cette période que l'on observe
sur les fossiles des preuves de pieds complètement modernes et d'autres adaptations à la marche
longue distance sur deux jambes.

Et c'est aussi à cette époque, comme nous le verrons, que le pouce opposable devient aussi précis
dans la lignée humaine…

Le pouce libéré des arbres

En se tenant sur leurs deux pieds, les humains ont
développé un mode de vie très différent des autres
primates qui sont restés pour la plupart arboricoles. En quittant la vie dans les arbres, les mains
humaines ont elles aussi évolué différemment.
Plus besoin de doigts aussi longs pour attraper les
branches : les doigts se sont donc raccourci au fil
de l'évolution et le pouce est devenu plus grand par
rapport à celui des autres primates, ce qui a permis
d'accroître la précision dans la manipulation des
objets.

Comme l'écrit la philosophe des sciences Chris
Herzfeld en juin 2021 dans la revue *L'Archicube*,

— 44 —

« libérées de la fonction motrice grâce à la bipédie, les mains de notre espèce *Homo sapiens* se sont spécialisées dans des compétences manipulatoires extrêmement sophistiquées (...) Cependant, au-delà de ces différences, tous les hominidés, humains et grands singes, possèdent des mains dérivées d'une forme commune adaptée à la suspension et au grimper vertical, dont l'origine remonte à plusieurs millions d'années (...) Ayant joué un rôle essentiel dans l'émergence de leur *ethos*, la main participe donc d'un monde commun, d'une communauté essentielle, propre aux hominidés ».

L'arbre phylogénétique humain.
L'évolution de l'homme est souvent comparée à un buisson ou à un arbre. Cette évolution n'est pas linéaire. L'étude des relations évolutives entre les différentes espèces ou groupes montre un enchevêtrement complexe de lignées hominidées qui ont bifurqué, convergé et, dans certains cas, disparu brusquement sans laisser de descendance. Même si les découvertes de fossiles inédits se poursuivent, apportant la preuve de l'existence d'espèces jusqu'alors inconnues, le puzzle de l'évolution est loin d'être complet, avec de nombreuses espèces qui restent à découvrir ou à classifier précisément. Une seule chose est sûre : après d'innombrables évolutions et extinctions, il ne reste désormais qu'une seule lignée : la nôtre, celle de l'*Homo sapiens*.

Portraits de famille

Toumaï, le plus ancien (pour le moment)

En langue gorane, Toumaï signifie « espoir de vie ». Le terme « Goran » désigne les populations nomades du Sahara, principalement établies au Tchad, au Niger et en Libye.

Jusqu'à la découverte du fossile de Toumaï, Orrorin était le premier hominidé antérieur à 5 millions d'années, mais il suggérait aussi que la séparation entre les grands singes et les humains devait être bien plus ancienne. La découverte en 2001 par l'équipe du paléoanthropologue Michel Brunet, dans le désert du Djourab au Tchad, d'un crâne ainsi que deux mandibules et une prémolaire supérieure, viendra le confirmer.

Daté de sept millions d'années, ce fossile représente une nouvelle espèce, *Sahelanthropus tchadensis*, qui est encore aujourd'hui la plus ancienne espèce humaine connue probablement très proche de la séparation entre les Paninés (comprenant les chimpanzés, les gorilles et les bonobos) et les Hominines (comprenant le genre *Homo* et les genres éteints apparentés comme les australopithèques ou les paranthropes).

Tout comme Orrorin, Toumaï marchait sur ses deux membres inférieurs tout en gardant la capacité de grimper aux arbres. Son cerveau n'était pas plus gros que celui d'un chimpanzé. Aucun fossile de pouce de Toumaï, en revanche, n'a été retrouvé.

Orrorin, le Millenium Ancestor

En 2000, lors d'une fouille au Kenya, les paléon-tologues Brigitte Senut et Martin Pickford réalisent avec leur équipe une découverte majeure. Ils mettent au jour dans les collines Tugen (vallée du Rift) douze fragments fossiles d'une nouvelle espèce d'homini-dés de 5,9 millions d'années qu'ils baptisent *Orrorin tugenenis*. Son nom signifie « original » ou « premier homme » dans la langue locale de la région où les fossiles ont été découverts. Orrorin sera donc aussi surnommé « Millenium Ancestor ».

Orrorin, qui est identifié comme hominidé bipède, détient à l'époque le record du plus vieil ancêtre de la lignée humaine jusqu'à la découverte du crâne de Toumaï l'année suivante. La découverte d'Orrorin est importante car elle fournit des indices sur les pre-mières étapes de l'évolution humaine et sur les ori-gines de la bipédie.

D'Orrorin, on a retrouvé une mandibule quasi-complète, deux fémurs, un col fémoral, un humé-rus et des phalanges provenant de cinq individus. Mais même avec ces faibles indices, son mode de vie a pu être esquissé par ses découvreurs. Les informations en paléoenvironnement montrent qu'Orrorin vivait dans un paysage boisé avec des concentrations d'arbres et près d'un lac. La région était recouverte de forêt sempervirente, comme le suggèrent les plantes fossiles et la composition de la faune analysées. On y trouvait également des étendues herbeuses. Comme en témoigne l'aspect de ses os, Orrorin semble également avoir ter-miné sa vie dans la gueule d'un grand carnivore, probablement un félin proche d'un léopard dont les restes ont été découverts sur le site kenyan.

Orrorin possédait une dernière phalange de pouce très proche de celle des humains, montrant des caractères liés à la saisie de précision.

Cette phalange proximale de pouce était de grandes dimensions : 18,8 mm de long sur 11 mm de large.

D'après la morphologie de cette phalange de pouce, Orrorin devait être un bon grimpeur, adapté à une saisie fine et puissante qui était nécessaire pour équilibrer le corps dans les mouvements lorsqu'il se déplaçait dans les arbres, mais sans avoir pour autant la faculté musculaire et l'agilité des chimpanzés.

Ardi

Entre 1992 et 1994, lors de fouilles en Éthiopie dans les sables de la vallée de l'Awash, sur le site d'Aramis, à 230 km au nord-est de la capitale éthiopienne Addis-Abeba, les chercheurs Tim D. White, Gen Suwa et Berhane Asfaw mettent au jour un individu féminin daté de 4,4 millions d'années qui remonte à la période du Pliocène. Ce fossile est alors rattaché à l'espèce *Ardipithecus ramidus*. « Ardi » pour les intimes.

Dix-sept ans après cette découverte, en 2009, la revue *Science* annonce qu'Ardi serait le plus ancien fossile connu de la branche humaine sur l'arbre phylogénétique de la famille des primates dont on détient le squelette complet. Onze articles lui sont consacrés pour le détailler. Il a fallu tout ce temps

— 48 —

pour analyser et parfois reconstituer sur ordinateur des ossements fragiles et souvent en miettes.

Cet individu est situé sur une lignée voisine des australopithèques et Tim D. White déclare à l'époque : « Même si *Ardipithecus ramidus* n'est pas actuellement une espèce ancestrale de la nôtre, elle doit en avoir été très proche et relativement similaire en termes d'apparence et d'adaptation. »

Avec son 1 mètre 20 et une cinquantaine de kilogrammes, le squelette d'Ardi a livré des informations très précieuses pour savoir si les ancêtres communs aux hommes et à nos plus proches cousins actuels (les chimpanzés et les bonobos) ressemblaient davantage à des singes. Son squelette comporte une main très similaire à celles des chimpanzés, mais plus fine, ce qui devait lui permettre d'avoir des gestes plus précis que ces derniers.

Ardi possédait en outre de longs bras grâce auxquels elle pouvait se suspendre aux branches des arbres mais pas aussi aisément qu'un chimpanzé. Les arbres devaient être un refuge contre les prédateurs et un lieu sûr où passer la nuit.

Avec son pouce de pied opposable, sa petite capacité crânienne, sa taille peu élevée, sa faculté à se déplacer et se balancer dans les arbres, Ardi pourrait facilement être assimilé aux grands singes… Mais il n'en est rien. Sa voûte plantaire n'étant pas arquée, Ardi avait les pieds plats. Elle ne pratiquait pas non plus le « knuckle walking » qui consiste pour les grands singes à s'appuyer sur les phalanges des mains pour marcher à quatre pattes. Son bassin et ses pieds préhensiles étaient ceux d'un marcheur.

Elle ne ressemblait donc ni à un chimpanzé ni à un homme moderne. Les caractères propres aux grands singes et qui n'existent pas dans la lignée humaine ne sont pas nécessairement des reliques mais des adaptations apparues après la séparation des deux branches, qui aurait eu lieu entre 6 et 7 millions d'années. Cette divergence ne s'est pas produite du jour au lendemain, mais plutôt de manière progressive, sur une période étendue.

Little Foot

La série des fossiles exceptionnels compte également parmi ses représentants éminents *Australopithecus prometheus*, dont les premiers os du pied ont été retrouvés en 1994 lors de fouilles dans la grotte Silberberg, sur le site de Sterkfontein (Afrique du Sud) par l'équipe dirigée par Ron Clarke. Ce sont ces os qui lui ont donné ce surnom de Little Foot (Petit Pied).

Dans les années qui suivent, entre 1997 et 2010, d'autres ossements du pied, un morceau de tibia, un crâne, un avant-bras, des vertèbres sont mis au jour.

Mis bout à bout, ils représentent 90 % d'un squelette d'australopithèque, le plus complet jamais découvert.

En 2015, la méthode isochrone (aluminium et béryllium) permet de dater Little Foot à environ - 3,67 millions d'années (à 160 000 ans près).

Australopithecus prometheus, avec sa masse corporelle plus importante, son visage plat et allongé en raison de ses dents jugales (molaires et prémolaires) bombées, se distingue des autres australopithèques.

Son pied est un mélange de caractéristiques humaines (au talon) et simiesques (aux orteils). Cet australopithèque devait pratiquer la bipédie tout en conservant une pratique arboricole.

Little Foot est probablement mort en faisant une chute de plusieurs dizaines de mètres. Recouvert par des cailloux, son squelette a été exceptionnellement bien protégé des prédateurs et des intempéries. Il a conservé la position qu'il avait lors de sa position de mort : un bras en l'air, la main fermée avec le pouce à l'intérieur, l'autre bras roulé contre le corps, les jambes vrillées.

C'est à la suite d'un dynamitage, au moment de l'exploitation minière de ces grottes sud-africaines, que le fossile est réapparu. Il s'en est fallu de peu pour que les explosions ne pulvérisent à tout jamais ce fossile remarquable qui est devenu le plus célèbre australopithèque après Lucy.

Lucy, la vieille cousine

Lorsqu'ils chantent « Lucy in the Sky with Diamonds » pour la première fois en 1967, les Beatles sont loin d'imaginer que leur chanson va donner son nom quelques années plus tard à l'australopithèque la plus célèbre du monde. « Lucy », un spécimen d'*Australopithecus afarensis* vieux de 3,2 millions d'années, est découverte en 1974 en Éthiopie, à Hadar, sur les bords de la rivière Awash, par l'équipe d'Yves Coppens, Donald Johanson et Maurice Taieb.

Cet individu féminin de petite taille (1 m 06) était âgé d'une vingtaine d'années à sa mort. Son squelette, conservé à 40 % avec ses 52 fragments osseux, compte parmi les plus complets pour une période aussi ancienne.

Les chercheurs ont découvert plusieurs os des mains, y compris les os métacarpiens et les phalanges, qui correspondent aux doigts de plusieurs individus, ce qui a pu rendre difficile leur analyse. Mais ils ont pu en déduire des informations précieuses concernant les aptitudes de l'australopithèque.

Ces os de la main suggèrent que Lucy possédait des doigts relativement longs et courbés qui devaient lui offrir des capacités de préhension et de grimpe adaptées à la vie arboricole. L'étude des saisies montre également qu'elle aurait été capable de mouvements de manipulation comparables à ceux des humains. La forme de son bassin, de sa colonne vertébrale et de ses membres inférieurs indique enfin qu'elle pouvait marcher debout sur ses deux pieds.

Lucy était donc adaptée à la fois à la bipédie et aux déplacements dans les arbres. C'est d'ailleurs probablement en tombant d'un arbre qu'elle est morte, comme en témoignent des fractures à l'humérus, à la cheville et au genou, bien que cette hypothèse reste discutée dans la communauté scientifique. Certains chercheurs affirment que ces fractures seraient d'origine post mortem. Pendant longtemps, Lucy a été considérée comme la grand-mère de l'humanité et comme une parente d'*Homo sapiens* en raison de sa bipédie. Or, on sait aujourd'hui que Lucy en est plutôt une très vieille cousine, ou même une grande-tante comme se plaisait à le dire Yves Coppens.

Sediba, mi-homme, mi-singe

Une autre main fossile mérite d'être mentionnée : celle *d'Australopithecus sediba*. En 2008, une nouvelle espèce d'australopithèque datée de moins de 2 millions d'années (entre 1,95 et 1,78 Ma) a été découverte par le paléoanthropologue Lee Berger et son fils Matthew, alors âgé de 9 ans. Ils se trouvaient dans une grotte sur le site de fouilles de Malapa, en Afrique du Sud (dans la région du « berceau de l'humanité »), ce qui en fait les plus récents représentants des australopithèques. Cette découverte fut officiellement annoncée deux ans plus tard, en 2010, après un examen approfondi des fossiles.

Le site de fouilles a notamment livré deux fossiles d'homininés, celui d'un jeune garçon et celui d'une femme (MH1 et MH2) qui ont la particularité surprenante de partager des caractéristiques à la fois des australopithèques mais aussi des premiers membres du genre *Homo*. Un exemple de fossile « mosaïque », pour désigner les fossiles d'espèces transitoires qui présentent des caractéristiques de deux groupes d'organismes différents.

Les os des mains de ces deux australopithèques, particulièrement bien conservés (tout comme d'autres structures anatomiques telles que le poignet, le pied, la cheville et le pelvis) ont révélé un mélange de caractéristiques dont les scientifiques eux-mêmes n'auraient pas imaginé la présence dans une même main. Si ces ossements n'avaient

– 53 –

pas été retrouvés collés les uns aux autres, les chercheurs auraient pu les associer à des espèces différentes.

En septembre 2011, un article décrivant la main droite et le poignet quasi complets de l'individu de sexe féminin MH2 était publié dans la revue *Science*. Cette main d'*Australopithecus sediba* présente des os de doigts longs et robustes et des phalanges incurvées qui devaient lui permettre de grimper aux arbres. Elle comporte également un pouce de très grande taille (plus long que celui des humains modernes), musclé et à l'extrémité aplatie, permettant la saisie d'objets avec force et précision.

Son poignet suggère qu'il était à même de soulever des poids conséquents, notamment au moment de l'utilisation d'outils en pierre, outils qu'il devait aussi savoir fabriquer.

CHAPITRE 4

Il y a deux millions d'années...

Le corps humain est le résultat d'une évolution biologique prolongée, qui a transformé notre pouce opposable en un compagnon essentiel, faisant de notre main une pince longue et robuste capable de manipuler adroitement toutes sortes d'objets sans les laisser tomber. Dans cette longue histoire évolutive du pouce, une période se distingue particulièrement. C'était il y a deux millions d'années.

Une étude publiée en 2021 dans la revue *Current Biology* par des chercheurs de l'Université de

Tübingen suggère qu'à cette époque, le pouce opposable des hominidés aurait subi une évolution déterminante directement liée à notre propre genre, *Homo*.

Pour soutenir cette idée, les chercheurs ont reconstitué en 3D la biomécanique du pouce de divers hominidés fossiles, en tenant compte des tissus mous et de l'anatomie osseuse. Cela a permis d'analyser les caractéristiques musculaires et de surmonter l'absence de tissus mous dans les registres fossiles.

Dans leur modélisation, les chercheurs ont inclus l'Opponens pollicis, un muscle crucial pour la dextérité manuelle et l'opposabilité du pouce, qui permet de pousser ce doigt vers l'avant. Cette capacité est indispensable pour saisir et utiliser des outils de précision.

En étudiant la forme des os du pouce des hominidés et la dynamique de contraction de ce muscle pour plier le pouce, les scientifiques allemands ont pu estimer la « puissance biomécanique » que chaque spécimen d'hominidé fossile aurait pu générer en utilisant son pouce opposable pour tenir solidement une aiguille et du fil, ou pour frapper avec un marteau.

Pour cela, ils ont comparé la taille des muscles et des os du pouce d'un modèle *Homo sapiens* (gros muscle et grande force) et d'un modèle de chimpanzé (petit muscle, petite force), qui représentent deux extrêmes dans l'efficacité biomécanique.

Les résultats de cette étude indiquent qu'une caractéristique fondamentale de l'opposition du pouce est apparue il y a environ deux millions d'années chez tous les membres du genre *Homo*, avec la même force de préhension que l'on retrouve chez les humains modernes. Cette forte opposition du pouce est observable chez deux spécimens qui vivaient en Afrique du Sud il y a 2 millions d'années et qui ont été découverts sur le site de Swartkrans.

En revanche, les résultats montrent que les australopithèques comme *Australopithecus sediba*, qui ont précédé le genre *Homo* et qui avaient un pouce opposable dans des proportions souvent similaires à celles des humains, et qui étaient capables de fabriquer des outils en pierre, n'avaient pas atteint le niveau de dextérité conféré par le muscle Opponens pollicis.

Cette découverte met en lumière le rôle clé de la dextérité manuelle dans l'évolution humaine au moment où apparaît, il y a 2,5 millions d'années, la lignée *Homo*, avec son premier représentant *Homo habilis*. Cette mutation notable symbolise une authentique révolution dans les modes de vie et les dynamiques culturelles de nos prédécesseurs du genre *Homo*. L'étude aide également à comprendre que ce n'est pas l'évolution du pouce qui a permis l'usage des outils, mais plutôt le fait qu'elle ait consolidé cet usage. Il est donc erroné de penser que la capacité de manipulation et l'opposition forte du pouce sont uniquement attribuées à notre genre *Homo*. Les australopithèques, tout comme les premiers représentants du genre *Homo*, sont des espèces potentiellement capables d'utiliser des outils de manière très efficace.

L'étude indique également que l'agilité du pouce ne dépend pas uniquement du muscle opposant

Opponens pollicis. Ce dernier ne représente qu'un des dix muscles qui contrôlent le mouvement du pouce. Aucun muscle n'agit en solitaire.

Dans la grande famille des *Homo*, notre espèce actuelle *Homo sapiens* est apparue il y a 300 000 ans. Ainsi, bien avant notre émergence, d'autres hominidés, comme *Homo naledi*, *Homo habilis*, *Homo erectus* ou *Homo neanderthalensis*, se sont développés. Nous partageons donc avec eux cette évolution significative du pouce.

CHAPITRE 5

L'outil, une étape majeure pour l'humanité

Lorsque les hominidés ont acquis la capacité d'utiliser leur pouce, ils ont commencé à fabriquer et à utiliser les premiers outils en pierre, en bois ou en os. Ce développement a marqué un moment crucial dans l'évolution humaine, inaugurant une révolution technologique au fil du temps.

L'outil est considéré comme le prolongement de la main. Grâce à lui, les hominidés vont pouvoir faire énormément de choses pour lesquelles la main seule ne suffit pas. Assez fragiles en tant qu'espèces, ils vont être aidés par les outils afin de trouver des solutions pour le charognage, d'accéder à la viande ou de récupérer des racines. En tant qu'êtres vivants, ils n'ont pas les moyens de le faire seuls. Ils n'ont pas de crocs, ils n'ont pas de griffes. L'outil en ce sens est indispensable au prolongement de la main.

Pendant longtemps, les scientifiques ont donc associé l'apparition du pouce opposable à l'émergence de la fabrication d'outils en pierre.

Pour distinguer les humains des autres hominidés, l'idée communément acceptée était que seuls les membres du genre *Homo* avaient les capacités cognitives et fonctionnelles nécessaires à la fabrication d'outils. Nous allons voir qu'il n'en est rien.

La capacité de fabriquer des outils en pierre a été un tournant majeur pour l'humanité. Elle a donné à nos ancêtres un avantage évolutif considérable.

Les premiers outils en pierre issus de cette industrie lithique (sur le site de Lomekwi au Kenya il y a 3,3 millions d'années) étaient fabriqués en frappant des galets avec un percuteur dur pour créer des bords tranchants. Ces techniques reflètent une connaissance avancée des propriétés physiques des matériaux.

Ces outils ont permis d'améliorer la capacité des premiers humains à chasser, à préparer la nourriture, à construire des abris et à se défendre. Cela a augmenté leurs chances de survie et a permis une plus grande adaptation à différents environnements.

Cette utilisation d'outils a également influencé notre évolution biologique, avec une consommation de viande facilitée par des instruments plus efficaces. Elle a joué un rôle dans le développement du cerveau humain et a jeté les bases de futures innovations technologiques. Les techniques se sont raffinées, conduisant à une plus grande diversité d'outils et à l'utilisation d'autres matériaux, comme le métal. Et rien de tout cela n'aurait été possible sans un pouce efficace permettant les saisies de force et de précision.

Le lien entre le genre *Homo*, la production d'outils et la morphologie de la main et du pouce en particulier apparaît au sein de la culture appelée « oldowayenne » (du nom du site d'Olduvai, en Tanzanie, où ces outils en pierre ont été initialement étudiés). Cette culture est datée entre 2,5 et 1,3 millions d'années environ.

Des découvertes ultérieures ont montré qu'il existait en Afrique des sites plus anciens avec des techniques similaires dès 3 millions d'années.

C'est en 1964 que sont découverts, dans les gorges d'Olduvai, les fossiles de sept hominidés ayant une morphologie différente de celle des australopithèques contemporains ayant vécu au même endroit. Leur cerveau est plus gros que celui des

— 61 —

australopithèques, mais trop primitif pour apparte-
nir à l'espèce *Homo sapiens*. Ces individus, qui ont
vécu entre 2,6 et 1,8 millions d'années, sont baptisés
Homo habilis, « hommes habiles », car avec eux sont
justement découverts des outils rudimentaires tail-
lés dans la pierre, qui devaient leur servir à dépecer
des proies ou des charognes et à briser des os.

Homo habilis devient la première espèce du genre
Homo, damant le pion à *Homo erectus*, qui jusqu'à
cette date était le plus ancien représentant de notre
groupe taxonomique.

Avec les fossiles d'*Homo habilis* et la morphologie
osseuse de sa main, l'affaire est entendue : la production d'outils devient une caractéristique déterminante du genre *Homo*. *Homo habilis* est déclaré
premier fabricant d'outils de l'histoire de l'humanité.

Mais c'était sans compter sur de nouvelles découvertes qui allaient chambouler ces certitudes et
remettre en cause cette concordance idéale entre la
fabrication d'outils et l'émergence du genre *Homo*.

Au début des années 2000, l'annonce de la découverte d'outils lithiques sur le site de Kada Gona (Bas-
Awash), en Éthiopie, révèle que le genre *Homo* n'aurait
pas été le seul précurseur de la fabrication d'outils en
pierre. Ces outils en pierre simples, qui appartiennent
toujours à l'industrie oldowayenne, sont datés de 2,55
millions d'années. L'espèce exacte qui les a fabriqués
reste encore un sujet de débat parmi les paléoanthropologues. Il est possible que des représentants du
genre *Australopithecus*, comme *Australopithecus garhi*,
ou même une espèce du genre *Homo* encore non identifiée, aient été responsables de la création de ces

outils. Ces découvertes ont en tout cas ouvert la possibilité que les compétences en matière de fabrication d'outils soient apparues plus tôt et aient été pratiquées par des espèces antérieures à *Homo habilis*.

Pendant toute cette période, les archéologues ont spéculé sur l'existence d'outils en pierre encore plus anciens, hypothèse que valident les découvertes récentes.

En 2010, des chercheurs rapportent la présence de traces de découpe sur des ossements animaux datant de 3,4 millions d'années sur le site de Dikika en Éthiopie, suggérant que ces marques pourraient avoir été produites par des outils maniés par *Australopithecus*. Cette hypothèse a immédiatement suscité un débat intense car les outils utilisés pour produire ces marques n'ont pas été découverts et certains ont préféré avancer qu'elles auraient pu avoir été causées par d'autres facteurs que l'usage d'outils.

Mais en 2015, les choses se précipitent. La découverte, cette fois-ci, d'outils de pierre sur le site archéologique de Lomekwi, près du lac Turkana au Kenya, va conforter les archéologues dans leur intuition que l'utilisation d'outils a émergé avant l'apparition du genre *Homo*.

Une équipe internationale dirigée par la préhistorienne française Sonia Harmand a en effet mis au jour des outils datés de 3,3 millions d'années. Ils sont découverts à quelques centaines de mètres du site archéologique où ont été identifiés les restes d'un individu *Kenyanthropus platyops* correspondant à la même période géologique. La majorité de

— 63 —

ces outils se compose principalement de blocs de lave, qui sont à la fois lourds et volumineux et qui ont servi d'enclumes, de percuteurs, d'éclats ou de nucléus (blocs de pierre débités pour produire des éclats ou des lames).

Deux techniques distinctes ont été utilisées par les individus de l'époque : la méthode dite « sur enclume », où le bloc est maintenu sur l'enclume par une main pendant que l'autre utilise le percuteur pour frapper et obtenir des éclats tranchants, et la méthode dite « sur percuteur dormant », où le bloc à tailler est directement percuté sur l'enclume.

Kenyanthropus platyops devient donc un bon candidat pour la fabrication de ces outils, qui sont significativement plus anciens que ceux issus de la culture de l'Oldowayen et qui font reculer de 700 000 ans l'apparition des premiers outils de pierre utilisés par le genre humain.

Jusqu'à cette découverte, les scientifiques considéraient que les espèces antérieures à *Homo* pouvaient utiliser des outils mais qu'ils étaient incapables de les fabriquer. Cette avancée archéologique prouve le contraire. Une véritable blessure narcissique pour notre genre *Homo*, qui perd sa première place en tant que fabricant d'outils et doit s'incliner face à d'autres hominidés plus anciens.

> **Qui est *Kenyanthropus platyops* ?**
> Les fossiles découverts par Meave Leakey en 1999 sont datés entre 3,2 et 3,5 millions d'années. Il s'agit d'un crâne déformé, de fragments de mâchoire, de molaires et d'un os d'orteil.

— **64** —

Le nom *Kenyanthropus platyops* signifie « homme plat du Kenya », une référence à la face plate et aux larges mâchoires de ce fossile, qui contrastent avec les visages plus prognathes et les mâchoires plus étroites des australopithèques de la même époque. *Kenyanthropus platyops* a été particulièrement difficile à classer en raison de son assemblage unique de caractères primitifs et dérivés. Si la petitesse de son cerveau le rapproche naturellement du chimpanzé, ses dents font songer à deux espèces d'australopithèques, dont celle de Lucy (*Australopithecus afarensis*, daté de 3,2 millions d'années).

Parallèlement, la face plate de *Kenyanthropus platyops* évoque aussi une troisième espèce, l'*Homo rudolfensis*, beaucoup plus récente (2 à 2,5 millions d'années) et identifiée à partir d'un fossile découvert en 1972. De quoi en perdre son latin...

Les scientifiques en ont conclu que *Kenyanthropus platyops* n'était ni un australopithèque ni un paranthrope (une espèce d'hominidés éteinte et ayant vécu en Afrique entre 2,7 et 1,5 millions d'années, aux côtés d'australopithèques).

Ce qu'il faut retenir

La main du genre *Homo* n'est pas la seule à être performante pour effectuer des préhensions à la fois fines et puissantes.

De nombreux fossiles humains ayant une morphologie différente de notre espèce ont été capables de développer un répertoire varié de comportements

— 65 —

préhensiles et suffisamment puissants pour assurer une prise subtile en fonction de leur anatomie et de leur mode de vie. Nous avons vu précédemment que la main de l'espèce *Orrorin tugenensis* (6 millions d'années) était probablement déjà capable de manipuler différents objets naturels et aliments, voire des outils.

Chez les membres du genre *Homo*, on observe des singularités au niveau morphologique (des mains avec des pouces plus longs et plus mobiles) par rapport aux autres humains fossiles comme les australopithèques ou les paranthropes mais, là encore, pas du point de vue fonctionnel. Notre pouce opposable de *Sapiens* nous a simplement permis de développer des adaptations spécifiques pour la préhension et la fabrication d'outils, ce qui a renforcé notre dextérité et nous a donné la capacité de créer des outils de plus en plus élaborés au fil de l'évolution.

Le cas de notre cousin Néandertal

L'été 1856 marque un tournant dans l'histoire de l'humanité grâce à la découverte d'un fossile jusque-là inconnu. Dans une carrière de la vallée de Neander, près de Düsseldorf en Allemagne, des travailleurs extraient du calcaire pour la production de ciment lorsqu'ils tombent soudainement sur des ossements insolites qui ne semblent pas provenir d'un animal. Les restes comprennent une partie de crâne, deux fémurs, les trois os du bras droit, deux des trois os du bras gauche, un fragment d'omoplate

et des morceaux de côtes. Le crâne, avec sa protu-
bérance osseuse au-dessus des orbites, et la forte
courbure du fémur laissent à penser que l'individu
était atteint d'une maladie, qu'il était un primate non
humain ou même un ours des cavernes !

Ces ossements sont confiés au naturaliste
Johann Carl Fuhlrott et à l'anthropologue Hermann
Schaaffhausen. L'année suivante, après une analyse
approfondie, ils annoncent devant la Société scientifique de Bonn que ces os appartiennent à une espèce
d'hominidés jusqu'alors totalement inconnue.
L'individu est baptisé « homme de Néandertal », du
nom de la vallée où il a été trouvé. En 1864, le nom
scientifique *Homo neanderthalensis* est proposé pour
la première fois.

Cette découverte suscite d'abord un grand scep-
ticisme, car à cette époque, l'hypothèse qu'il puisse
exister une espèce différente d'*Homo sapiens* est
tout simplement impensable. Ce n'est qu'après
la découverte dans les années suivantes d'autres
ossements avec les mêmes caractéristiques physiologiques en Belgique, en Grande-Bretagne et en
République tchèque que la communauté scientifique
commence à reconnaître l'homme de Néandertal
comme une espèce ou sous-espèce distincte de
l'homme.

Morphologiquement, notre cousin se caractérise
par une large cage thoracique, des os plus massifs,
un crâne volumineux, un front fuyant, des bourrelets
osseux au-dessus des orbites, une face projetée en
avant et une sorte de chignon osseux à l'arrière du
crâne.

La découverte de la radioactivité naturelle en 1896 a permis de proposer, à partir des années 1940, des méthodes de datation à partir du carbone 14 pour estimer l'âge des fossiles de Néandertal.

Aujourd'hui, les scientifiques disposent d'un important panel de méthodes pour obtenir des dates plus précises concernant les fossiles et les sites néandertaliens. L'archéologue Marie-Hélène Moncel faisait le point en novembre 2023 sur le site The Conversation en écrivant que « les données génétiques et anatomiques sur les restes fossiles montrent que les traits néandertaliens émergent peu à peu entre 600 et 450 000 ans par l'isolement de groupes humains occupant l'Europe et regroupés sous le terme d'*Homo heidelbergensis*. Néandertal est donc un Européen ».

Les Néandertaliens et Néandertaliennes ont perduré et se sont adaptés à des milieux variés mais la raison de leur disparition reste encore très discutée. « Ces raisons sont certainement multifactorielles, combinant la forte instabilité climatique enregistrée pendant une courte période, entre 40 000 et 30 000 ans, ne leur permettant pas de trouver des solutions adaptatives et/ou la petite taille probable des groupes humains comme l'indiquent les récentes analyses de l'ADN fossile », conclut Marie-Hélène Moncel.

En 2010, les avancées de la génétique vont provoquer un véritable coup de théâtre dans l'histoire des liens qui unissent notre espèce *Homo sapiens* avec Néandertal et capter l'attention des médias du monde entier.

En utilisant plusieurs échantillons fossiles, dont certains vieux de plus de 50 000 ans, Svante Pääbo, un généticien évolutionniste de l'Institut Max Planck à Leipzig en Allemagne, et son équipe de chercheurs ont en effet réussi à séquencer le génome néandertalien. Ils ont ainsi pu révéler que les humains non africains d'origine eurasienne (européenne et asiatique) partageaient 1 à 2 % de leur ADN avec les Néandertaliens. Cela signifie que des croisements entre *Homo sapiens* et *Homo neanderthalensis* se sont produits après que les ancêtres des humains modernes eurent quitté l'Afrique.

Cette découverte a également démontré que l'ADN néandertalien a pu influencer un certain nombre de traits chez les humains modernes, notamment certains aspects de la fonction immunitaire, de la peau et des cheveux, ainsi que la vulnérabilité à certaines maladies. Ces travaux révolutionnaires, qui ont ouvert une véritable mine d'informations sur l'évolution humaine et la relation entre les humains modernes et les Néandertaliens, ont valu à Svante Pääbo le prix Nobel de médecine en 2022.

Durant de nombreuses années, Néandertal a été associé à une image de brute primitive, ressemblant à un gorille et dotée d'une intelligence limitée. Ce statut d'infériorité intellectuelle, adaptative et culturelle est lié au fait qu'au XIXᵉ siècle, les chercheurs ne concevaient pas la possibilité qu'un autre hominidé puisse rivaliser avec *Homo sapiens*. En 1866, le philosophe et biologiste allemand Ernst Haeckel avait même suggéré le nom d'*Homo stupidus* pour désigner ce nouvel arrivant dans la généalogie humaine, un nom heureusement écarté. Cette mauvaise réputation de Néandertal a cependant persisté pendant longtemps. Aujourd'hui, tous les paléoanthropologues s'accordent à dire que ses capacités cognitives et culturelles étaient bien plus développées qu'on ne le pensait initialement. De nombreuses découvertes archéologiques montrent que les Néandertaliens utilisaient des outils, maîtrisaient le feu, enterraient leurs morts avec une certaine esthétique et avaient la capacité de créer des objets symboliques.

En 2016, des structures circulaires formées à partir de stalagmites brisées dans la grotte de Bruniquel (Tarn-et-Garonne) et datées d'environ 176 500 ans ont été attribuées aux Néandertaliens. Puisqu'ils étaient les seuls humains présents en Europe à cette époque, ces structures sont parmi les preuves les plus anciennes de construction par une espèce d'hominidés mais aussi la plus ancienne preuve d'occupation des grottes par l'Homme. « D'un seul coup, on a reculé d'à peu près 130 000 ans l'appropriation du monde souterrain par l'humanité », expliquait en 2017 au Journal du CNRS Jacques Jaubert, professeur de Préhistoire à l'université de Bordeaux. « Cette découverte a complètement bouleversé nos paradigmes car auparavant, pour la plupart des spécialistes, les grottes, leur exploration, l'usage de torches et du feu pour s'éclaires étaient le monopole de nos congénères *Homo sapiens*. »

En 2010, des parures datées de – 50 000 ans, fabriquées à partir de coquillages perforés et colorés à l'aide de pigments d'ocre, ont également été mises au jour sur le site de Cueva de los Aviones en Espagne. Il semblerait qu'elles aient été portées en tant que pendentifs ou incorporées dans des vêtements.

En 2018, des dessins rupestres sans doute réalisés par des Néandertaliens ont été découverts dans trois grottes espagnoles. Ces dessins, composés de lignes et de formes géométriques, sont datés d'au moins 64 000 ans, soit une période antérieure à l'arrivée des humains modernes en Europe. Ces résultats ont entraîné de nombreuses réactions et controverses de la part de scientifiques mettant en doute l'unique technique de datation utilisée pour ces découvertes, celle de l'uranium-thorium, qui peut varier selon un certain nombre de facteurs physico-chimiques et fausser les datations.

Pendant longtemps, toutes ces réalisations étaient attribuées exclusivement aux humains modernes. Les découvertes sur les Néandertaliens ont permis aux scientifiques de comprendre que l'évolution humaine ne suit pas une trajectoire linéaire, mais qu'elle ressemble plutôt à un arbre complexe avec de multiples branches, dont certaines peuvent mener à des voies évolutives sans issue.

Match Néandertal/*Sapiens*, une victoire à un pouce ?

Les aptitudes cognitives et les réalisations attribuées à Néandertal nous amènent naturellement à nous demander avec quel type de pouce cette espèce a été capable de manipuler des outils. Le pouce d'*Homo sapiens* a-t-il fait la différence avec son cousin néandertalien et joué un rôle dans la disparition de ce dernier ?

Le paléoanthropologue Jean-Jacques Hublin explique qu'à son arrivée en Europe il y a 46 000 ans, *Homo sapiens* a investi tous les habitats écologiques précédemment occupés par Néandertal.

Des affrontements *Sapiens*-Néandertal ont pu avoir lieu pour la conquête de territoires, même si cette théorie reste très discutée entre chercheurs. La préhistorienne Marylène Patou-Mathis décrit au contraire un Néandertalien non violent, peu agressif et réticent à tuer ou à se battre. Selon elle, ce tempérament pacifiste, couplé à une mortalité infantile élevée, aurait contribué à son extinction.

Mais que nous raconte le pouce de Néandertal en comparaison de celui d'*Homo sapiens*, à l'époque où les deux espèces cohabitaient, de 45 000 à 40 000 ans avant notre ère ?

Des recherches se sont intéressées aux capacités technologiques des Néandertaliens par rapport à celles des premiers humains modernes, avec un intérêt particulier pour la morphologie du pouce et son influence sur les différents comportements de manipulation au sein des deux espèces. La chercheuse Ameline Bardo, qui étudie l'évolution de la dextérité humaine, s'est justement penchée sur cette question avec ses collègues. Grâce à une méthodologie 3D, elle a pu scanner et mesurer les articulations entre les os du pouce (le complexe trapézio-métacarpien) de cinq fossiles de Néandertaliens, cinq humains fossiles anatomiquement modernes ainsi que quarante humains adultes modernes. Les résultats publiés en 2020 dans la revue *Scientific Reports* montrent une variation dans la forme et l'orientation de l'articulation de la base du pouce entre les deux espèces. Chez Néandertal, la main est robuste, avec une articulation du doigt plus plate et une surface de contact plus petite, ce qui est cohérent avec son pouce étendu et positionné le long de la main. Cette posture suggère que notre cousin devait être plus avantagé pour des saisies de force comme celles que nous utilisons aujourd'hui pour tenir des outils munis d'un manche. Dans ce type de saisie, les objets sont tenus comme un marteau entre les doigts et la paume, le pouce dirigeant la force.

Au contraire, les surfaces articulaires des pouces des humains modernes, qui sont plus grandes et plus incurvées, semblent idéales pour des gestes nécessitant la saisie de précision afin de tenir un objet entre les coussinets du pouce et de l'index.

Mais cela n'a pas empêché Néandertal de réaliser des mouvements précis qui lui ont permis, comme on l'a vu, de fabriquer des outils lithiques diversifiés, de dimensions et formes variées, ou des parures, mais aussi de peindre dans les cavernes.

Cette variation anatomique dans la structure de l'articulation du pouce pourrait être due à des différences génétiques et/ou développementales. Elle pourrait également être le reflet de besoins fonctionnels distincts, dictés justement par l'usage de divers outils. Une telle divergence pourrait avoir eu un effet significatif durant la période de coexistence, lorsque nos deux espèces habitaient les mêmes territoires. *Homo sapiens* a peut-être eu l'avantage dans la création d'armes, ce qui lui aurait permis une meilleure défense en cas de conflit. Il faut néanmoins rester prudent avec de telles affirmations, sans traces de violences avérées. La seule certitude concerne les traumatismes liés au mode de vie.

Si l'étude d'Ameline Bardo montre une préhension différente entre Néandertal et *Homo sapiens*, il n'est pas inutile de rappeler que le monde néandertalien s'étend sur une longue période (les plus anciens fossiles connus de Néandertaliens mis au jour sur le site de la Sima de los Huesos à Atapuerca, en Espagne, sont datés de 430 000 ans). Il faut donc aussi imaginer une grande variabilité dans les différentes saisies néandertaliennes, les types d'outils et les techniques utilisés selon les zones géographiques et les époques où cette espèce a vécu. Cela peut aussi expliquer cette variété anatomique au sein des Néandertaliens, qui ne forment pas un groupe unique. Les anthropologues montrent que les Néandertaliens du sud de l'Europe semblent être plus graciles que dans certaines autres zones. La variabilité des comportements techniques, des traditions et des outillages

— 74 —

pourrait-elle être croisée avec ces variabilités anatomiques ? Ameline Bardo aimerait y répondre dans ses prochaines recherches.

Les types de préhension dans le genre *Homo* ont également beaucoup varié au fil du temps. Cette variabilité pourrait-elle expliquer la fabrication et l'utilisation de certains types d'outils en particulier ? Si on ne peut pas tenir de la même manière un objet, on ne va pas le fabriquer de la même manière. Sa dimension et sa forme seront différentes. La préhistorienne Marie-Hélène Moncel suggère de relier les données dont on dispose sur la préhension des hominidés avec les types d'outillage que l'on retrouve au cours du temps.

Le coup de poing a-t-il fait évoluer la main d'*Homo sapiens* ?

Les études concernant la main sont parfois déroutantes. Citons les travaux de David Carrier, biologiste de l'évolution, et de Michael Morgan, médecin, tous les deux de l'université d'Utah (États-Unis). Ils se sont demandé si la main humaine pourrait avoir d'autres avantages que de nous permettre l'utilisation d'outils. En 2012 et en 2022, ils émettaient l'hypothèse que le caractère unique de la main humaine aurait évolué en partie pour que nous puissions frapper nos semblables au visage ! De tous les mouvements que la main peut effectuer, le coup de poing serait en effet « le plus humain » de tous. Chez les autres animaux on se mord, on se griffe, on se cogne ou on se piétine. Et même si les kangourous peuvent boxer en donnant de puissants coups de patte avec leurs membres antérieurs ou que les chimpanzés peuvent frapper avec leurs mains, seule l'espèce humaine utilise le poing serré pour se défendre.

Rappelons que par comparaison avec les grands singes, l'être humain possède une paume et des doigts courts, mais aussi des pouces longs, forts et mobiles. David Carrier explique que le principal avantage dans la dextérité et la configuration de notre pouce est qu'il peut se replier sur l'index et le majeur comme un contrefort. Ainsi replié, les phalanges s'imbriquent parfaitement entre la paume et le pouce et concentrent la puissance de frappe du poing en répartissant l'énergie jusqu'au poignet, afin de protéger les os délicats et les articulations de la main. Cette force motrice est donc idéale pour donner des coups de poing.

Afin de tester leur hypothèse, les chercheurs ont fait appel à des combattants de haut niveau, boxeurs ou spécialistes des arts martiaux, et leur ont demandé de frapper dans des sacs de sable aussi fort qu'ils le pouvaient, en utilisant une variété de frappes allant du poing fermé jusqu'à la paume ouverte. Les forces engendrées par les coups étaient enregistrées puis comparées afin de déterminer qui, du poing fermé ou de la main ouverte, provoquait le plus de dégâts.

Leurs conclusions, publiées dans la revue *Journal of Experimental Biology*, montrent que « le poing fermé ne semble pas conférer un avantage significatif » en termes de force. En revanche, la main close offre une résistance mécanique exceptionnelle. Lorsque les doigts sont repliés dans la paume et soutenus par le pouce, ils forment une structure qui absorbe et répartit efficacement l'énergie des impacts à travers la main jusqu'au poignet, préservant ainsi les os et les articulations. Résultat : si la surface de frappe d'un poing est plus petite que celle de la main ouverte ou de la paume, l'effet d'impact d'un coup de poing est disproportionnellement plus puissant et a plus de chances de causer des blessures.

Si les humains avaient les mêmes terminaisons que les chimpanzés, le bout de leurs doigts pourrait certes s'appuyer sur la paume lorsque le poing est clos, mais il existerait entre ces doigts des interstices préjudiciables à la solidité du poing. Les chercheurs concluent qu'il n'existe qu'une seule anatomie de la main qui soit parfaitement adaptée à la fois pour manipuler des objets et pour former un poing optimal pour frapper : celle de l'*Homo sapiens*.

Les bagarres, selon eux, auraient donc pu jouer un rôle important dans l'évolution humaine, les mâles se disputant le droit de s'accoupler. En conséquence, les os du visage masculin pourraient avoir coévolué avec le pouce pour pouvoir résister à un coup de poing, tandis que la main féminine, elle, aurait maximisé la dextérité au cours de l'évolution (!). Cette étude teintée de sexisme, affirmant que la violence des mâles aurait influencé une grande partie de l'évolution humaine, a été très controversée lors de sa publication.

CHAPITRE 6

Cousin chimp'

L'humain n'est donc pas le seul primate doué pour manipuler, utiliser et confectionner des outils. Les chimpanzés, avec lesquels nous partageons 98,79 % de notre patrimoine génétique, se révèlent également particulièrement habiles, malgré un pouce opposable proportionnellement plus court que le nôtre et positionné plus loin sur la main, limitant ainsi leur capacité à atteindre les autres doigts.

La primatologue et vétérinaire Sabrina Krief souligne que même si les chimpanzés n'atteignent pas le même niveau de raffinement que les humains, ils utilisent eux aussi des outils pour des saisies exigeant de la force ou de la précision.

Pour les saisies nécessitant de la force, ces grands singes peuvent par exemple se servir de pierres en tant que marteaux pour briser des noix à coquille dure. Ils sont également capables d'utiliser des pierres ou des racines d'arbres comme enclume et comme cale pour stabiliser un objet pendant qu'ils le frappent.

Concernant la saisie de précision, les chimpanzés sont réputés pour employer des bâtons ou des brindilles afin de fourrager dans les termitières, les fourmilières ou les nids d'abeilles. Ils sont même capables de modifier ces tiges naturelles pour en optimiser l'efficacité, en ôtant les feuilles ou en les mâchant pour créer une sorte de brosse ou de cuillère pour récupérer efficacement le miel.

Pliées ou mâchées, les feuilles peuvent servir d'éponges pour recueillir de l'eau dans des lieux d'accès difficile. Elles sont parfois aussi utilisées comme ustensiles permettant de consommer des aliments comme la moelle ou le miel ou de compresses pour nettoyer les plaies.

Sabrina Krief précise que, le plus souvent, les chimpanzés n'utilisent pas le pouce opposé à la pulpe de la dernière phalange de l'index pour saisir les objets, mais plutôt une prise formée par le pouce aligné contre la première phalange de l'index. La saisie en pince avec le pouce opposé à l'index ne leur sert que pour des tâches nécessitant une extrême précision, comme l'élimination d'une tique ou le toilettage, qui requièrent un degré élevé de finesse. Pour ces activités, ils utilisent parfois des brindilles ou des herbes afin de retirer des parasites ou des saletés sur leur pelage ou celui de leurs congénères. Pour chasser les insectes volants, les chimpanzés utilisent plutôt des branches pourvues de feuilles qui leur servent de chasse-mouches efficaces

De manière surprenante, les chimpanzés sont également capables de fabriquer des lances pour la chasse. Entre 2005 et 2006, Jill Pruetz, professeur au département d'anthropologie de l'université de l'Iowa, et son équipe ont observé sur un site appelé Fongoli, dans le sud du Sénégal, une troupe de chimpanzés sauvages devenus de véritables chasseurs de petits mammifères. Les scientifiques ont constaté que ces primates savent fabriquer des lances mortellement efficaces à partir de branches d'arbres. Pour cela, les chimpanzés ôtent toutes les branches secondaires et les feuilles, puis affûtent le bout du bâton avec leurs dents pour le transformer en pointe. Ces lances, qui peuvent atteindre 75 cm de long, sont surtout utilisées pour embrocher ou coincer les galagos, de petits primates aux grands yeux qui dorment durant la journée dans des cavités d'arbres, facilitant ainsi la tâche des chimpanzés. Cette technique de chasse est plus spécifiquement adoptée par les femelles et les jeunes mâles, les mâles adultes privilégiant des proies plus importantes.

– 80 –

Il est d'ailleurs souvent observé que ce sont les femelles et les plus jeunes qui innovent en créant de nouveaux comportements ou de nouveaux outils, les vieux mâles semblant plus réticents au changement. Les chercheurs en ont même déduit que la première lance au monde aurait probablement été inventée par une femelle primate. Les chimpanzés de Fongoli sont les seuls primates non humains connus pour chasser systématiquement de grandes proies à l'aide d'armes.

La main humaine, moins évoluée que celle du chimpanzé ?

L'anthropologue et paléobiologiste espagnol Sergio Almécija a consacré sa carrière à l'étude de l'évolution de la main et du pied, en comparant les proportions des mains de tous les primates. Le pouce du chimpanzé étant très court par rapport aux autres doigts, on a tendance à penser que le pouce humain a grandi au fil de l'évolution. Jusqu'à présent, l'hypothèse la plus répandue était que le dernier ancêtre commun entre l'homme et les grands singes était un animal pourvu de mains similaires à celles du chimpanzé actuel.

Mais en 2015, dans une étude publiée dans la revue *Nature*, Sergio Almécija et ses collègues suggèrent que l'évolution de la main chez les hominidés est plus complexe qu'on ne le pensait. Les chercheurs se sont ainsi intéressés à l'évolution du rapport entre le pouce et les autres doigts chez les ancêtres de l'homme et ceux de ses cousins les grands singes. Pour cela, ils ont examiné la diversité morphologique des mains de 270 espèces parmi lesquelles les grands singes (humains, chimpanzés, bonobos, les deux espèces de gorilles, les trois espèces d'orangs-outans, les gibbons), de nombreux singes du Vieux et du Nouveau Continent et tous les fossiles d'hominidés disponibles, de Lucy (*Australopithecus afarensis*) à Ardi (*Ardipithecus ramidus*).

À la suite de cet examen, ils ont démontré des niveaux élevés de disparité des mains chez les hominoïdes modernes et ont souligné que la main de l'humain actuel, qui nous apparaît comme sophistiquée avec son pouce opposable, serait en réalité moins « évoluée » que celle de notre plus proche cousin, le chimpanzé. La main humaine aurait en effet très peu changé par rapport à celle de notre dernier ancêtre commun avec les grands singes, qui vivait il y a 5 à 7 millions d'années.

Lors de la publication de son étude, Sergio Almécija expliquait que « lorsque les hominidés ont commencé à produire des outils de pierre de façon systématique, il y a 3,3 millions d'années, leurs mains étaient – en termes de proportions globales – à peu près comme les nôtres aujourd'hui ». La taille relative du pouce d'*Homo sapiens* avoisine par exemple celle d'*Australopithecus sediba*, qui vivait il y a près de 2 millions d'années.

En revanche, c'est la main du chimpanzé qui a évolué, avec un allongement des doigts donnant quatre doigts très longs, à l'exception du pouce qui est resté de la même taille pour que le chimpanzé puisse se suspendre et se balancer de branche en branche. Ce qui signifie en résumé que la taille relative du pouce chez le chimpanzé a diminué au fil du temps, car tandis que celle-ci est restée à peu près constante, ses autres doigts se sont allongés. La main du chimpanzé a donc connu in fine plus d'évolutions que la main humaine. Ces travaux montrent que la structure de la main de l'homme moderne est dans sa nature en grande partie primitive plutôt que le résultat de sélections naturelles ayant favorisé la fabrication d'outils en pierre.

Cependant, expliquent les scientifiques, l'humain actuel dispose d'un pouce proportionnellement plus long qui permet à chacun des doigts de le toucher, ce qui nous a permis de développer une pince qui s'est montrée très efficace pour la préhension fine.

L'autre hypothèse défendue par les auteurs de cette publication est que c'est notre cerveau, et non pas la forme de nos mains, qui nous a permis d'évoluer et de développer la culture des outils. Ils affirment que « si les mains humaines sont en grande partie primitives, les changements pertinents qui ont favorisé le développement de la culture de l'outil de pierre étaient probablement d'ordre neurologique ».

Outils tranchants

Parmi les questions qui restent en suspens, la primatologue Ameline Bardo aimerait savoir pourquoi les humains sont les seuls primates à utiliser des objets tranchants. Cette singularité est-elle due à notre main plus précise, qui nous permettrait de manipuler de tels objets sans nous blesser, ou à un cerveau plus développé, qui nous alerterait face au danger que représente un outil coupant ? Même si leurs dents sont suffisamment tranchantes et efficaces pour dépecer leurs proies, si nos cousins chimpanzés ou gorilles avaient un objet tranchant entre les mains, sauraient-ils s'en servir avec autant de facilité ? Toutes ces questions sont les objets de ses actuels travaux.

Chimpanzés mutilés

La primatologue Sabrina Krief examine également, en Ouganda, l'impact significatif des activités humaines sur les chimpanzés de Sebitoli, dans le Parc national de Kibale. La pollution résultant des pesticides et des engrais contaminant l'eau, le sol et la nourriture des chimpanzés, ainsi que les pièges liés au braconnage, sont à l'origine d'anomalies des extrémités des membres chez près de 30 % des chimpanzés de cette communauté. Sabrina Krief cherche à différencier les anomalies causées par les activités humaines, à travers les pièges et la pollution environnementale, de celles provenant de circonstances naturelles, comme les agressions lors de conflits, les chutes accidentelles ou l'arthrose. Ses recherches mettent en évidence une grande diversité de malformations, incluant des amputations complètes du pied, de la main, des doigts ou de l'avant-bras.

Lorsque Sabrine Krief et son équipe ont étudié l'impact des mutilations de la main entière sur la locomotion arboricole des chimpanzés, ils ont

— 84 —

découvert que les primates réussissaient à grimper aux mêmes espèces d'arbres, et aussi haut, que les autres individus non mutilés. La seule différence observée était que ces primates passaient plus de temps à se nourrir et consacraient moins de temps aux activités sociales. Leur capacité à cueillir des petits fruits était particulièrement affectée, les obligeant à compenser en tirant sur les branches avec leurs moignons et en récoltant les fruits directement avec leur bouche.

Chez les chimpanzés et les orangs-outans, la bouche joue naturellement le rôle d'une cinquième main lorsque leurs membres sont occupés à d'autres tâches, comme se tenir dans l'arbre. En cas d'amputation d'une main, les chimpanzés peuvent également utiliser leur gros orteil pour saisir des aliments ou des branches fines.

Cependant, les individus mutilés ont généralement tendance à se concentrer sur les branches robustes de l'arbre ou sur le tronc pour se tenir et garder leur équilibre s'ils doivent attraper des fruits en même temps.

Le gros orteil des grands singes

Les chimpanzés, comme tous les autres grands singes non humains, sont dotés d'un gros orteil opposable sur le pied. Bien qu'il n'offre pas autant de mobilité et d'efficacité pour la préhension que le pouce humain, cet orteil opposable leur confère une grande aptitude à attraper des aliments avec leurs pieds ou à grimper dans les arbres. Du fait de leur mode de déplacement spécifique (marche sur les phalanges des mains *knuckle walking*), les empreintes de pouce qu'ils laissent au sol correspondent toujours à celles des gros orteils du pied.

Sabrina Krief, qui a passé de nombreuses journées à observer les chimpanzés dans les forêts africaines, notamment en Ouganda, remarque que lors de la locomotion arboricole sur des branches fines, le gros orteil du pied semble beaucoup plus utile à ces grands singes que le pouce de la main. Lorsqu'ils grimpent le long d'un tronc, les chimpanzés utilisent leurs mains, mais le pouce de la main ne semble pas jouer un rôle très important lors de la suspension. Ce sont plutôt les autres doigts qui sont fortement mobilisés.

Les chimpanzés font preuve d'une grande flexibilité comportementale et peuvent, comme nous l'avons vu, utiliser leurs pieds presque aussi habilement que leurs mains. Sabrina Krief a même observé de jeunes chimpanzés suçant le gros orteil de leur pied lors du sevrage, comme le feraient des petits humains avec leur pouce. Ce comportement, associé à la recherche de confort et d'apaisement, a été observé chez plusieurs espèces de singes.

Où est passé le gros orteil opposable des humains ?

Le pouce du pied, qui a été une adaptation essentielle à la vie arboricole et qui a facilité la préhension et la suspension aux branches ainsi que le déplacement de branche en branche, a été abandonné par la lignée humaine. Chez les hominidés, l'adoption de la bipédie a nécessité une transformation de la structure du pied pour répondre aux exigences biomécaniques spécifiques de la marche et de la course sur les deux jambes. Nos pieds ont alors perdu leur gros orteil opposable.

Selon une étude publiée en 2018 par des scientifiques américains sur l'évolution et la fonction de l'avant-pied chez les hominidés, ce gros orteil aurait été l'une des dernières parties du pied à évoluer. En effectuant des examens 3D de tomodensitométrie (principe qui consiste à réaliser des images en coupes fines du corps) et en comparant les articulations osseuses des orteils des humains à celles de leurs ancêtres et aux primates actuels, les chercheurs ont démontré que le gros orteil avait atteint sa forme actuelle bien après les autres doigts de pied.

Selon ces scientifiques, cette adaptation anatomique est intervenue plus tard car elle devait être plus difficile à modifier. De plus, elle a probablement représenté un compromis entre deux phases évolutives : la vie arboricole et la vie entièrement terrestre.

Dans leur publication, les auteurs de l'étude expliquent que « l'humain moderne a vu l'articulation de son pied gagner en stabilité quand l'orientation de son gros orteil a changé pour permettre la marche. Simultanément, le pied perdait l'agilité qui lui était conférée par ses origines simiesques et arboricoles ».

Halte au primato-centrisme !

Il serait faux de croire que seuls les primates pourvus de pouces opposables peuvent saisir et manipuler des objets avec agilité.

Dans le règne animal, on trouve de nombreuses espèces qui ont développé des adaptations spécifiques pour utiliser des objets en fonction de leurs besoins propres, de leurs modes de vie et de leur environnement. Chez de nombreux prédateurs, les griffes jouent ce rôle, mais aussi les pinces des crustacés, ou même la trompe des éléphants. Certains oiseaux comme les perroquets ont également des pattes qui peuvent agripper fermement des objets.

L'éthologue Emmanuelle Pouydebat cite l'exemple du ratel, ce carnivore proche du blaireau, réputé pour son comportement particulièrement tenace ainsi que pour son endurance. Le ratel possède cinq doigts à chaque patte mais pas de pouce opposable. Ce sont ses grandes griffes qui lui permettent d'utiliser et d'empiler des objets. On pourrait penser que ces griffes représentent un obstacle à la manipulation, mais pas du tout. En Australie, une vidéo tournée dans un parc zoologique montre un ratel qui imagine toutes sortes de stratégies pour s'enfuir de son enclos, en utilisant un râteau, en empilant des pierres ou en posant une branche pour escalader la grille de sa cage. Les soigneurs en avaient tellement assez de passer leurs journées à lui courir après qu'ils ont installé une grille munie de cadenas plus sophistiqués, mais à chaque fois l'animal trouvait le moyen de s'évader quand même.

Certaines espèces parviennent facilement à ouvrir des boîtes avec leurs griffes, comme les loutres ou les ratons laveurs.

En matière d'outils, les loutres de mer, qui sont les seules loutres à pouvoir vivre en permanence dans les océans, sont connues pour utiliser des roches qui leur servent à ouvrir les coquillages dont elles se nourrissent. Pour cela, elles vont chercher un caillou au fond de l'eau, qu'elles remontent à la surface et qu'elles conservent ensuite dans leur poche. Sous chacune de leurs puissantes pattes avant se trouve en effet une poche de peau, qui sert à stocker la nourriture ramassée pendant leurs plongées, ou les pierres qu'elles utilisent comme outils. Pour casser les coquillages, elles se mettent en position de planche et posent sur leur ventre le caillou qui leur sert d'enclume. Il ne leur reste plus qu'à frapper le coquillage pour l'ouvrir.

On trouve aussi des poissons capables de faire la même chose ! Les labres, par exemple, qui possèdent une mâchoire assez puissante, peuvent saisir un coquillage dans leur bouche et le frapper contre un rocher pour l'ouvrir.

Chez les oiseaux, le cas des corvidés (corbeaux, corneilles ou pies) est particulièrement connu. Les corbeaux de Nouvelle-Calédonie peuvent utiliser des brindilles pour extraire des insectes présents dans des crevasses ou des coquillages difficiles d'accès. Ils sont même réputés pour leur capacité à tailler des outils à partir de matériaux naturels, comme des feuilles et des branches, pour répondre à leurs besoins spécifiques. Ils fabriquent par exemple des petits crochets sur des branches dont l'angle et la longueur vont varier en fonction des larves qu'ils souhaitent extraire en enfonçant des tiges dans des troncs. Un outillage rudimentaire mais très efficace.

– 89 –

La pieuvre à lunettes, aussi appelée pieuvre noix de coco (« Amphioctopus marginatus »), recueille des demi-coquilles de noix de coco vides dans les fonds marins après les avoir explorées avec ses tentacules pour s'assurer de leur intérêt.

La pieuvre utilise ensuite une technique appelée « marche bipède », grâce à laquelle elle rassemble les coquilles sous son corps pour les bloquer à l'aide de ses tentacules et pouvoir se déplacer.

Quand un danger se présente, ou quand elle veut simplement se reposer, la pieuvre noix de coco utilise ces coquilles en guise de bouclier. Elle les ouvre, se glisse à l'intérieur, puis utilise ses tentacules pour refermer les coquilles autour d'elle, formant ainsi une sphère protectrice. Ce comportement remarquable d'utilisation d'outils pour se camoufler est une caractéristique généralement associée à une plus grande intelligence et rarement observée chez les invertébrés.

Pour Emmanuelle Pouydebat, la trompe de l'éléphant d'Afrique, qui compte deux « doigts » proéminents (un seul pour l'éléphant d'Asie), peut être assimilée à une véritable main sans squelette interne. Cet hydrostat musculaire incroyablement polyvalent, sensible et flexible, est utilisé par l'éléphant dans de nombreuses fonctions comme la respiration, l'olfaction, le toucher, la communication, mais aussi comme outil pour manger et boire. Cette trompe est capable d'accomplir des tâches aussi variées que déraciner un arbre, cueillir une petite baie ou utiliser des branches pour se nettoyer les orteils ou se débarrasser des parasites...

Le cas de la rainette singe est également intéressant. Cette grenouille arboricole d'un vert éclatant appartient à la famille des Phyllomedusinae (Phyllomedusa bicolor). Au lieu de sauter comme les autres grenouilles, elle utilise ses longues jambes minces pour grimper lentement dans les arbres comme le ferait un singe. C'est aussi l'une des seules grenouilles possédant des pouces opposables qui lui permettent de bien agripper les branches minces avec ses « mains de singe » et de se déplacer à travers la végétation dans laquelle elle vit.

Citons enfin les caméléons, autre habile acrobate des arbustes ou des buissons, qui possède cinq doigts soudés en deux groupes (l'un de deux doigts, l'un de trois) opposables l'un à l'autre, qui forment une pince lui permettant de bien verrouiller ses prises pour s'agripper aux branches fines.

De très nombreux animaux trouvent donc dans la nature des solutions très efficaces pour améliorer leur survie.

CHAPITRE 7

La main des grottes

Ce voyage dans la Préhistoire n'est pas encore tout à fait terminé. Lorsque l'on s'intéresse au pouce, il faut en effet regarder de près les parois des grottes, où les empreintes de mains laissées par nos ancêtres forment un véritable lien entre les hommes du Paléolithique et nous. La représentation des mains dans la peinture commence avec les *Sapiens* et va rester un thème privilégié pour les artistes. C'est un symbole universel que l'on retrouve dans les fresques rupestres du monde entier. La main a traversé la Préhistoire, sur tous les continents habités, Europe, Afrique, Asie (Indonésie), Australie et Amérique du Sud (Argentine) et à différentes époques ; des hommes et des femmes ont posé sur les parois des grottes ou dans des abris des empreintes de leurs mains.

En Argentine, la Cueva de las Manos, « la grotte aux mains », qui se trouve en Patagonie, renferme un ensemble exceptionnel de représentations de mains. Il y a plus de 7 000 ans, les habitants de cette grotte ont laissé une trace de leur passage en peignant leurs mains sur la roche. On compte plus de 800 empreintes de mains rouges, blanches ou noires, qui parfois se chevauchent.

Aujourd'hui encore, dans certaines populations autochtones comme les Aborigènes d'Australie où l'on continue de pratiquer des formes d'art rupestre, la peinture des mains reste représentée dans des abris-sous-roche.

Ces peintures reposent sur deux techniques principales : les « mains négatives » et les « mains positives ». La différence entre les deux ? Les mains positives ont été réalisées en étant préalablement trempées ou enduites de pigment. Les humains du Paléolithique les appliquaient ensuite sur la paroi afin de transférer la couleur sur le support.

Les mains négatives étaient quant à elles produites grâce à la technique du pochoir, en projetant

– 93 –

des pigments autour de la main posée sur la paroi, doigts écartés, créant ainsi un contour ou une silhouette de main. La très grande majorité des mains de la Préhistoire sont négatives et apparaissent au milieu d'un halo de couleur.

Une autre technique exceptionnellement utilisée par les premiers artistes du Paléolithique est celle de la main gravée obtenue en raclant la surface de la roche, préalablement enduite de pigment, pour créer une main « en négatif » comme dans la grotte de Rocamadour (Lot). Ces gravures, ou pétroglyphes, sont réalisées en incisant, en raclant ou en martelant la surface de la roche pour créer une image.

La main la plus ancienne représentée sur la paroi d'une grotte a été estimée à − 40 000 ans, selon une étude publiée en 2018 dans la revue *Nature* par une équipe australo-indonésienne qui a utilisé la méthode de datation uranium-thorium. Cette méthode reste néanmoins très discutée par les scientifiques concernant les petits échantillons. Dater une main aussi ancienne reste complexe mais cela donne une profondeur de temps à l'histoire du pouce dans les peintures rupestres. La découverte de cette main dans la grotte de Bornéo, en Indonésie, suggère que l'art rupestre était pratiqué à peu près au même moment à la fois en Europe et en Asie du Sud-Est.

Généralement, les mains représentées sur les parois sont isolées des autres représentations. On peut cependant citer plusieurs grottes, à l'instar de celle de Gargas dans les Hautes-Pyrénées, du Pech

Merle dans le Lot ou de Del Castillo en Espagne, où les mains sont surreprésentées sur des panneaux gigantesques.

La grotte de Gargas est parfois appelée la « grotte des mains mutilées ». Les peintures comportent 231 empreintes de mains négatives d'hommes, de femmes et d'enfants. Elles sont de couleur rouge ou noire (une seule blanche), datent de − 27 000 ans avant notre ère et sont peintes pour la plupart à l'écart des représentations animales. Chose très étonnante, ces mains sont en grande majorité incomplètes, une ou plusieurs phalanges manquant à chaque doigt à l'exception du pouce, qui reste toujours intact. Cette particularité a été à l'origine de nombreux débats : pourquoi manque-t-il des doigts sur les mains de la grotte de Gargas et pourquoi seul le pouce reste-t-il toujours entier sur ces peintures ? Ces mains étranges ont donné lieu à différentes théories scientifiques.

La première explication est liée au climat froid, qui pouvait provoquer des gelures et faire perdre des doigts à certains individus. Le développement de pathologies comme la lèpre ou la maladie de Raynaud, qui se traduisent par une altération de la circulation sanguine et une atrophie au niveau des extrémités, constitue également une hypothèse envisageable. La forme primitive de cette maladie touche en général les deux mains et épargne les pouces. Autre interprétation : ceux qui ont appliqué leurs mains auraient tout simplement replié volontairement un de leurs doigts pour faciliter le processus ou pour créer un effet visuel spécifique.

Une autre hypothèse suggère que des mutilations auraient été provoquées volontairement pour témoigner d'une douleur importante comme un deuil, ou pour signifier l'appartenance à un groupe ou une caste. Cependant, l'absence uniforme des doigts dans de nombreuses empreintes suggère que cela pourrait ne pas être le cas pour toutes les mains.

D'autre part, aucun squelette du Paléolithique supérieur retrouvé à ce jour ne présente des mains aux phalanges incomplètes. La thèse la plus répandue serait celle d'un signe de reconnaissance ou d'un langage codé à travers lequel la main incomplète avec les doigts repliés pourrait avoir une signification particulière liée à des rites de chasse, pour signifier la forme d'un animal ou indiquer en silence la proximité du gibier. Ces signes sont aujourd'hui utilisés par des chasseurs-cueilleurs comme les San d'Afrique du Sud ou les Aborigènes d'Australie.

La véritable raison de l'absence de ces phalanges et de la préservation des pouces reste donc assez énigmatique. La représentation de pouces entiers signifie-t-elle l'importance fonctionnelle de ce doigt opposable en lui attribuant une signification symbolique ou un statut à part ? Toutes ces explications sont évidemment spéculatives.

Une autre grotte, celle de Cosquer, située dans les Calanques, à proximité de Marseille, et signalée en 1991, a livré cinquante-cinq représentations de mains associées à des figures animales, en majorité des mains négatives, et là aussi on trouve des exemplaires aux doigts raccourcis. Les mains noires, représentées avec de la poudre de charbon malaxée dans la bouche puis recrachée, datent de la première période d'occupation de la grotte, il y a plus de 27 000 ans.

La grotte Chauvet, découverte en 1994 près de Vallon-Pont-d'Arc en Ardèche, compte des peintures parmi les plus anciennes au monde (entre – 37 000 et – 30 000 ans). On y trouve un millier de peintures et de gravures, dont plus de 400 représentations d'animaux parmi lesquels des lions des cavernes, des rhinocéros laineux, des bisons, des mammouths, des chevaux, des aurochs, des rennes, des ours, ainsi que des figures plus rares comme un hibou.

Cinq figures de mains positives sont présentes dans la grotte, toutes se trouvent sur le panneau qui porte leur nom. Il s'agit de trois empreintes de mains droites et deux gauches. À 2,50 mètres à gauche de ce panneau se trouve le panneau des mains négatives. Elles sont au nombre de cinq et la mieux conservée est superposée au dessin d'un mammouth.

Les pouces du Pech Merle

Dans la grotte ornée du Pech Merle, dans la Vallée du Lot, les mains sont aussi associées à des représentations, comme sur le panneau des « chevaux ponctués » emblématiques de ce site.

Cette fresque représente deux chevaux blancs croisés dont la robe est ornée de taches noires. Le panneau comporte au total 265 motifs noirs et rouges, dont 6 mains négatives noires qui viennent s'intégrer entre les figures animales, ce qui signifie qu'elles participent à la composition. Ces mains sont parfaitement superposables. C'est le même individu qui les aurait donc peintes.

On peut aussi voir un poisson et 241 « ponctuations ». Ces petits points de couleur sont tachetés de noir et de rouge. Ils sont obtenus par projection du pigment à l'aide d'un chalumeau ou d'une paille dans laquelle on souffle pour en expulser de la matière.

Par ailleurs, chose étonnante et assez rare, on trouve sur la fresque du Pech Merle sept pochoirs rouges de pouces isolés.

Sur l'un des pouces représentés entre les deux chevaux, l'angle entre les deux phalanges donne l'impression que le doigt est cassé plutôt que replié. Il s'agit peut-être d'un subterfuge de la part de la personne qui a réalisé ces empreintes, mais hélas aucune explication solide n'est avancée.

La difficulté majeure pour les préhistoriens est de dater précisément cette paroi des chevaux ponctués, en raison des différentes couches qui se superposent et qui suggèrent que ce décor n'a pas été constitué en une seule fois. Les peintres de cette paroi ont utilisé deux pigments naturels : le noir et l'hématite. Le noir provient du manganès et du baryum. Les hématites sont des argiles dont la teinte varie du rouge au brun-jaune.

Le pouce isolé figure sur une frise rouge au milieu des deux chevaux noirs. Seul le charbon de bois permet au radiocarbone de fournir une date. Les chevaux ponctués ont donc été datés au carbone 14 entre

28 000 et 29 000 ans avant notre ère. Le pigment rouge ne contient pas de carbone permettant une datation. Cependant, la frise du pouce rouge étant recouverte en partie par le pigment noir des chevaux, elle est considérée comme plus ancienne que les chevaux. Ce pouce isolé pourrait avoir plus de 30 000 ans.

Pourquoi les humains du Paléolithique ont-ils laissé leurs mains sur les parois des grottes ?

Les empreintes de mains trouvées sur les parois des grottes préhistoriques ont suscité de nombreuses théories quant à leur signification. Pour quelle raison des humains, il y a plus de 30 000 ans, aux quatre coins du monde, ont-ils ressenti le besoin de laisser l'empreinte de leurs mains sur les parois rocheuses ? Selon les cultures, le sens de ce geste est parfois opposé en termes de symbole bénéfique ou maléfique. Ces mains peintes à différentes époques ont-elles une valeur universelle ou démontrent-elles au contraire des particularismes locaux ? Il est extrêmement complexe de vouloir dégager une signification unique. Et cela se complique encore lorsque les doigts sont isolés.

Plusieurs hypothèses ont été proposées par les chercheurs sans qu'aucune fasse réellement consensus aujourd'hui.

Ce qui est sûr, c'est que le nombre de représentations de cette partie du corps dans les grottes

— 99 —

témoigne de l'importance qu'elle revêt pour les humains de la Préhistoire.

La main est un objet majeur servant à peindre, à fabriquer des outils ou des armes, à chasser et tuer du gibier. Elle marque en cela la domination de l'humain sur les animaux. L'empreinte de la main peut aussi être associée à l'identité individuelle d'un homme, d'une femme ou d'un enfant. Posée sur une paroi, elle devient une signature aussi indentifiable qu'un visage. Les artistes (hommes ou femmes du Paléolithique) ont-ils voulu laisser une trace de leur passage ou de leur existence au sein d'un clan ?

Les mains pourraient également être le résultat de rituels de magie cherchant à influencer ou apaiser des esprits ou des forces de la nature, ou servir à des cérémonies spécifiques les reliant à un monde spirituel ou au cosmos. Elles expriment aussi des interactions entre individus, la communication ou la création. Elles pourraient enfin tout simplement avoir été peintes pour des raisons purement esthétiques, pour le simple plaisir de l'expression artistique.

Comme nous le disions précédemment, les significations qui entourent les empreintes de mains peuvent varier d'une culture à l'autre et d'une grotte à l'autre. Il faut donc rester prudent sur toutes ces interprétations, forcément spéculatives.

C'est un véritable défi que de se mettre à la place des humains du Paléolithique et de se projeter dans ce lointain passé avec nos propres représentations de la main.

CHAPITRE 8

Le grand chantier des gènes

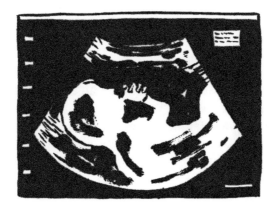

Quel est le secret de fabrication du pouce ? Les plus récentes recherches génétiques s'intéressant au développement et à l'évolution du plan du corps des vertébrés nous révèlent bien des choses inattendues. Munissez-vous de votre casque de chantier : nous pénétrons dans une zone de gros œuvre ! Les travaux auxquels vous allez assister vont vous raconter l'histoire de cette petite merveille de l'évolution qu'est le pouce. Au cours de leurs recherches, les scientifiques ont découvert que plusieurs gènes étaient impliqués dans son développement durant la phase embryonnaire. Ces gènes orchestrent la croissance des os, des muscles et des nerfs, permettant ainsi au pouce d'acquérir sa mobilité et sa force propres.

Les études ont aussi montré que certains troubles génétiques pouvaient affecter sa morphologie ou sa fonctionnalité, soulignant ainsi l'importance cruciale de ces gènes. Le pouce n'est donc pas seulement un outil physique ; c'est aussi un témoin de notre histoire génétique.

Tous les mammifères ont hérité d'une morphologie ancestrale particulière, avec un pouce formé de deux phalanges au lieu de trois pour les autres doigts. Le généticien Jean-François Le Garrec explique que l'originalité du pouce révèle une polarité de la main. En anatomie, on dit que le pouce se trouve en position « préaxiale » par rapport aux autres doigts. Ce terme décrit sa position relativement à l'axe du corps. Dans la main, le pouce représente donc l'extrémité antérieure des doigts qui est distincte de la partie postérieure de l'index, du majeur, de l'annulaire et de l'auriculaire.

C'est l'occasion de comprendre comment s'est construit le pouce, avec ses deux phalanges et son asymétrie. Car bien que le pouce et les autres doigts se développent selon des voies génétiques et moléculaires similaires, les nuances dans la régulation de ces voies et les contraintes mécaniques spécifiques au pouce lui confèrent sa position et sa fonction uniques. Tout cela est une affaire de gènes dits « architectes ». Le pouce doit ses deux phalanges à ces gènes aussi appelés gènes « homéotiques » ou gènes « Hox ». Au cours du développement de l'embryon, ces gènes agissent comme des architectes, déterminant le plan où vont se rendre les cellules le long de l'axe antéro-postérieur pour construire toute la charpente du corps (l'organogénèse). Chez presque tous les animaux – des humains aux oiseaux en passant par les poissons –, on trouve cet axe allant de la tête jusqu'à la queue. Ces gènes, qui sont au nombre de 39, sont divisés en quatre groupes (A, B, C et D), répartis sur quatre chromosomes différents et responsables de la formation, aux bons endroits et au bon moment, des organes et des tissus. Le support, dans le vivant, c'est la longue molécule d'ADN avec l'activation de ce groupe de gènes.

Les gènes architectes ont été découverts en 1978 par le généticien Edward Lewis, qui comprend à l'époque pourquoi les segments d'un corps de mouche sont « construits » les uns après les autres et sont exprimés selon l'ordre précis de leur succession sur le génome (ADN) de la drosophile. Cette découverte sur le « contrôle génétique des premiers stades du développement embryonnaire » lui vaudra le prix Nobel de physiologie en 1995 avec Christiane Nüsslein-Volhard et Eric F. Wieschaus.

Pour être fonctionnels, les gènes fabriquent des protéines de régulation dont l'information va déclencher une chaîne de réactions pour établir *in fine* le plan d'organisation générale du corps, avec des organes et des membres placés de différentes façons les uns par rapport aux autres. Ces protéines produites par les gènes architectes sont comparables à des interrupteurs moléculaires. Elles peuvent activer ou réprimer des gènes impliqués dans l'apparition d'un membre particulier pendant le développement embryonnaire.

C'est entre la troisième et la sixième semaine de grossesse que l'embryon commence cette période de grands travaux qui va façonner son organisme, extérieur et intérieur. Cela fonctionne en quelque sorte comme la construction d'un immeuble, étage par étage mais avec des étages très différents les uns des autres et qui n'auront pas la même composition génétique. Chez tous les vertébrés, ce jeu de construction se déroule au cours d'une période extrêmement critique appelée la « gastrulation », qui correspond aux quelques jours pendant lesquels un embryon très désorganisé va devenir un fœtus. Ce processus extrêmement rapide nous permet d'acquérir une tête, des bras, des pieds et de savoir où est la droite, la gauche, le haut et le bas du corps. C'est lors de cette étape cruciale de l'organisation des étages du corps que l'on recommande aux femmes enceintes de faire attention à ne pas boire et à ne pas fumer. Une fois que cette période de « gros œuvre » est passée, le plus important est fait pour le fœtus.

Dès les premières minutes du développement embryonnaire et de la pousse d'un membre, les gènes architectes vont produire une « asymétrie antéropostérieure » que l'on retrouve le long de tout l'axe principal du corps humain. Cela nous permet de ne pas ressembler à des mille-pattes ou à des vers de terre, qui sont des animaux « homomériques », avec des segments répétitifs du corps tous à peu près morphologiquement similaires.

Chez les humains, le corps ne peut pas produire d'« étages » supplémentaires sans une identité génétique distincte. C'est pour cette raison que toutes les vertèbres de notre colonne vertébrale n'ont pas la même taille. Le champ de cellules issu de la fécondation va entraîner la naissance d'un bourgeon spécifique pour chaque membre du corps dans sa partie postérieure et dans sa partie antérieure, ce qui donnera un organisme complet.

Chez les vertébrés, le plan d'organisation du corps est orienté selon trois axes : de la tête aux pieds, de gauche à droite et d'avant en arrière. Dans le fœtus se développent d'abord la tête, le torse, puis les bras et les mains : chaque étape correspond à l'expression de gènes précis.

C'est d'abord dans la partie haute, à partir du tronc cérébral (le cou), que vont sortir toutes les racines des nerfs crâniens, tout ce qui va nous permettre de respirer, de manger ou de digérer. À la sixième semaine, une fois formé le tronc général étagé de l'organisme, il ne reste plus qu'à construire les structures morphologiques situées plus bas pour s'aventurer du centre vers la périphérie du corps.

C'est le moment où les gènes architectes vont à nouveau entrer en action pour fabriquer les bras, les avant-bras, les poignets puis les mains. D'un point de vue morphologique, les bras sont donc plus âgés que les mains. Les os et les cartilages de la main vont être fabriqués plus tard que ceux des bras. Et pour les jambes et les pieds, la succession est similaire, avec un décalage de 1 à 3 jours. Ce sont les derniers étages du chantier à être construits.

Denis Duboule explique que tous les vertébrés tétrapodes (animaux à quatre membres) suivent le même schéma. Tous sans exception possèdent un os au niveau du bras dans chaque membre antérieur (l'humérus). Cela inclut les mammifères, les oiseaux, les reptiles et les amphibiens. Une fois arrivé à l'avant-bras, on commence à enregistrer des variations chez les animaux. Et quand on arrive à la main, ces variations sont encore plus marquées entre les espèces. Les oiseaux ont quatre doigts à l'extrémité de leurs pattes, les humains cinq avec des doigts plus ou moins longs. Cette variabilité des parties extrêmes est beaucoup plus grande que celle des autres parties du corps. Il faut le comprendre en termes de contraintes de développement. Plus l'embryon progresse dans sa fabrication et plus les gènes architectes peuvent se permettre des variations évolutives, puisqu'elles ne touchent pas aux fondations qui sont déjà en place.

Main et pouce

La formation de notre pouce opposable commence donc dès les premiers stades embryonnaires et elle est le fruit d'interactions génétiques orchestrées avec une précision extraordinaire.

Dans un premier temps, on ne distingue pas de doigts chez le fœtus mais un grand champ de cellules. Au bout du troisième et du quatrième mois vont se condenser, au sein de ce champ, les cellules qui vont d'abord constituer des doigts puis les segmenter en phalanges. Si ce champ de cellules était parfaitement symétrique, nous aurions donc des doigts exactement de la même taille. Parmi les protéines qui stimulent la croissance, les protéines codées par le gène « Sonic Hedgehod » (Sonic le hérisson qui est une allusion au personnage du jeu vidéo créé par Sega) sont localisées sur la partie postérieure basse de la main, ce qui fait que la partie la plus préaxiale enregistre un léger déficit en matériel génétique. C'est cette toute petite asymétrie qui fait que le pouce pousse moins et ne compte que deux phalanges au lieu de trois pour les autres doigts.

La taille des phalanges étant fixée dans le code ADN, leur nombre dépend de la longueur du doigt. Plus il est long et plus il aura de phalanges. C'est la même chose pour le gros orteil, qui ne compte que deux phalanges par rapport aux autres doigts de pied.

Des expériences menées sur des oiseaux montrent que si l'on « bricole » un peu les gènes en rajoutant des cellules dans la partie antérieure, on peut obtenir un pouce à trois phalanges. (Car oui, les oiseaux ont trois doigts dans leurs ailes.)

Embryologie du pouce
24ᵉ jour : naissance des bourgeons de membre.

37ᵉ jour : les membres supérieurs (futures mains) commencent à ressembler à des palettes. Ils s'étalent et se différencient progressivement pour former les régions des bras, avant-bras et mains.

40ᵉ jour : les doigts commencent à apparaître. Ils ressemblent à des palettes aplaties sans divisions distinctes pour les doigts.
Des crêtes appelées « rayons chondroïdes » commencent ensuite à se former dans ces palettes, indiquant les emplacements futurs des doigts.

42ᵉ jour : le pouce commence à se différencier mais, contrairement aux autres doigts, il ne présente pas encore de phalanges discernables.

5ᵉ et 6ᵉ semaines : la chondrogenèse débute (la formation de cartilage précurseur) et les muscles commencent à se former.

46ᵉ jour : la colonne du pouce se construit. Une distinction notable apparaît par rapport aux autres doigts : ces derniers commencent à s'étendre en ligne droite à partir de la main, la base du pouce va former une selle et s'opposer aux autres doigts, donnant à la main sa capacité de préhension caractéristique.

6ᵉ-8ᵉ semaine : le cartilage se forme.

7e semaine : l'ossification commence. Ce processus transforme le cartilage en os.

8e semaine : formation des futures articulations.

Comment s'est passée la transition évolutive de la main ?

Les scientifiques qui étudient la biologie du développement sont toujours étonnés en voyant comment, chez nos ancêtres les plus lointains comme les souris, nous avons pu passer de cinq doigts alignés à des mains de primates pouvant effectuer une rotation du pouce opposée aux autres doigts. Tout cela est dû à la présence du poignet qui fait figure, selon Denis Duboule, de loufoquerie évolutive. « Au départ le poignet est un "ratage", explique le chercheur. Les poignets sont de petits os misérables qui ne poussent pas, qui n'ont pas une belle forme mais qui deviennent pourtant un poignet, cette chose invraisemblable qui permet de tourner nos mains dans tous les sens pour réaliser une grande variété de mouvements. » L'équipe de Denis Duboule a observé que la période de transition entre l'avant-bras et la fabrication de la main passe par des moments de « flottement » qui correspondent à une réorganisation du filin génétique durant laquelle de l'os continue à être produit mais sans être affecté au duo radius/cubitus ni aux os de la main. Ce flottement est très utile puisqu'il rend possible l'apparition du poignet. Grâce au poignet et à sa grande flexibilité, le pouce a ainsi pu être ramené en opposition après une grande pression évolutive. Nous avons vu précédemment qu'il y avait de grands avantages adaptatifs à posséder un pouce opposable. Mais imaginez que nous ayons hérité, en plus, d'un petit doigt opposable. « Ce serait faramineux en termes de possibilités, une extraordinaire plus-value adaptative », s'enthousiasme Denis Duboule.

Cela montre qu'au cours de l'évolution, tout ce qui est bien et performant n'est pas forcément sélectionné et que tout ce qui est sélectionné ne l'est pas forcément parce que c'est bien pour l'espèce qui en bénéficie. C'est cette critique de l'adaptationnisme qu'a faite le paléontologue américain Stephen Jay Gould dans son ouvrage *La Structure de la théorie de l'évolution*, comme nous le verrons dans le chapitre sur le pouce du panda.

Pénis et clitoris : un doigt génétiquement détourné

Les deux gènes architectes les plus importants de la main (A13 et D13) sont aussi responsables des organes génitaux externes (pénis ou clitoris). Denis Duboule a découvert que tous ces organes se sont développés au stade embryonnaire grâce à des mécanismes génétiques identiques, comprenant les mêmes gènes architectes. Ces différents types d'extrémités sont également contrôlés par le même système de régulation. Le scientifique a publié sa découverte dans la revue *Science* en 2014. C'était la première fois que l'on mettait en évidence un cas aussi complexe de détournement génétique, dans lequel un seul appareillage génétique est utilisé pour au moins deux fonctions différentes.

La seule différence qui existe lorsqu'il s'agit de donner des doigts ou des organes génitaux, c'est l'identité de la protéine clé et le site sur la « tour de contrôle » qui régule le fonctionnement des gènes Hox. Cette tour de contrôle renferme des « centaines d'interrupteurs » qui activent ou inhibent le fonctionnement des gènes Hox. Selon les boutons qui sont poussés, ces gènes déclenchent différentes réponses conduisant à la formation d'organes distincts.

Selon Denis Duboule, du point de vue de l'évolution, ces mécanismes ancestraux ont été mis en place à la même période, il y a environ 400 millions d'années, lorsque les animaux marins sont sortis de l'eau. Pour s'adapter à leur nouveau milieu et pouvoir marcher sur la terre ferme, dans un contexte de forte pression de sélection, il leur fallait des doigts, ainsi que des organes génitaux comme le pénis, puisqu'ils ne pouvaient plus, comme le font généralement les poissons, recourir à la fertilisation « externe » (les cellules mâles et femelles se rencontrant dans l'eau). Le généticien explique qu'on ne sait pas lequel a précédé l'autre, mais le premier qui est apparu « a été dérouté » pour donner naissance au second.

Cette découverte permet de mieux comprendre pourquoi, lorsque l'on enlève ces deux gènes chez des souris, on observe des malformations sur les

— 111 —

mains, les pieds mais aussi l'anus et les organes génitaux externes.

Lorsque la génétique déraille

Au cours du développement de l'embryon, il peut arriver que plusieurs sortes de gènes échouent dans la bonne répartition des organes et des tissus en raison d'une mauvaise régulation ou d'une mutation. La différenciation des cellules ne passe alors plus par les « voies de signalisation » qui activent les molécules pour guider les cellules vers leurs fonctions. On parle d'erreurs de programmation.

Ce dysfonctionnement est associé à une prolifération cellulaire anormale et peut conduire à des parties du corps en surnombre ou mal placées, comme des doigts ou des orteils supplémentaires. Il peut aussi entraîner un risque de développement ultérieur de cancers ou de fausses couches.

Duplication du pouce

Un enfant qui naît avec plus de cinq doigts sur une main est atteint d'une affection congénitale appelée « polydactylie ». Cette anomalie génétique peut se produire dans les mains ou dans les pieds.

La duplication du pouce est l'une des anomalies les plus courantes. Elle concernerait une naissance sur 3 000, en particulier dans les populations caucasiennes et asiatiques.

– 112 –

Les enfants nés avec une duplication du pouce possèdent un deuxième pouce complet ou partiel – on parle alors de polydactylie préaxiale ou polydactylie radiale. Ce doigt surnuméraire est souvent difficile à accepter psychologiquement pour les parents lors de la naissance de leur enfant mais il s'opère très facilement.

Albert Uderzo, le créateur d'Astérix, est né avec un doigt supplémentaire minuscule à chaque main, situé près de l'auriculaire. En 2007, il révélait avoir refusé la chirurgie corrective, considérant ses mains comme des outils de travail essentiels, et ne souhaitant pas qu'elles soient altérées.

Des cas de mains à six doigts

En 2019, une étude publiée dans la revue *Nature Communications* évoquait le cas d'une mère et de son fils « hexadactyles » (possédant six doigts à chacune de leurs mains). Des chercheurs allemands, suisses et anglais se sont penchés sur les étonnantes capacités motrices de ces mains à six doigts en termes de neuromécanique et de fonctionnalité. Leur étude a révélé que le sixième doigt, situé entre le pouce et l'index, était soutenu par des muscles, des nerfs et des ressources cérébrales dédiés, améliorant ainsi les capacités de manipulation. La main polydactyle est donc gouvernée par davantage de muscles et de nerfs que la main standard, avec un sixième doigt possédant trois phalanges. Ce sixième doigt, mobile et indépendant, permet d'exécuter des mouvements

– 113 –

uniques et complexes sans compromettre la vitesse d'exécution, offrant ainsi des capacités de manipulation supérieures par rapport aux mains à cinq doigts. Il fonctionne souvent en coordination avec le pouce et l'index, ne se contentant pas de remplacer ces derniers, mais contribuant à des mouvements distincts impliquant simultanément les trois doigts.

Les recherches utilisant l'IRM ont aussi révélé que, chez un individu polydactyle, le cortex moteur a une organisation unique pour contrôler le doigt supplémentaire, utilisant des ressources neuronales distinctes sans conflits sensorimoteurs ou déficits moteurs. Ces découvertes démontrent que le système nerveux humain peut gérer et coordonner efficacement des mouvements supplémentaires et complexes. L'étude a également révélé que lorsqu'on demandait aux participants polydactyles de localiser leurs doigts, la perception de l'emplacement de leur sixième doigt correspondait à son anatomie réelle, étant perçu comme situé entre le pouce et l'index.

Pouce manquant

À l'inverse des doigts surnuméraires, on trouve aussi parfois des doigts manquants ou sous-développés.

L'hypoplasie du pouce est une affection rare qui touche environ un nourrisson sur 100 000.

Le degré de sous-développement du pouce peut varier, avec une taille légèrement inférieure à la normale ou une absence totale (aplasie du pouce).

Les chats polydactyles d'Hemingway

L'écrivain Ernest Hemingway était connu pour avoir eu de nombreux chats, dont certains étaient polydactyles. Hemingway aurait reçu son premier chat polydactyle, nommé Snow White (Blanche-Neige), de la part d'un capitaine de mer. Depuis, ces chats polydactyles ont toujours été associés à la maison de l'écrivain à Key West, en Floride, où il a vécu pendant environ dix ans. Depuis la mort d'Hemingway en 1961, les descendants de ces chats continuent de vivre sur sa propriété, qui est aujourd'hui un musée dédié à sa vie et à son œuvre. Les visiteurs peuvent donc les voir lorsqu'ils visitent le site historique.

Ces chats polydactyles ne sont pas limités à la propriété d'Hemingway, on les trouve dans le monde entier. Le gène polydactyle est dominant, de sorte que si un chat polydactyle se reproduit avec un chat non polydactyle, il y a une forte probabilité que certains des chatons héritent de ce trait.

Les pattes avant d'un chat possèdent normalement cinq doigts et les pattes arrière, quatre. Le premier doigt (aussi appelé ergot) est situé un peu plus haut que les autres et est souvent de plus petite taille. Le chat polydactyle peut, lui, posséder jusqu'à sept doigts sur ses pattes avant et/ou arrière.

Les deux races les plus concernées par la polydactylie sont le maine coon et le pixie-bob.

On trouve sur Internet plusieurs exemples de chats présentant un nombre record d'orteils. Le maximum actuellement enregistré fait état de 28 orteils sur ses quatre pattes.

Les chats polydactyles sont parfois appelés « chats à pouces » ou « chats Hemingway ».

CHAPITRE 9

Anatomie et préhension

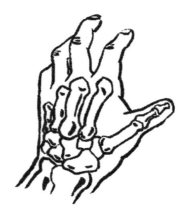

Je me souviens avec nostalgie des cours de sciences naturelles au collège, si souvent synonymes d'émerveillement face au monde vivant ou inerte. Vêtus d'une blouse blanche nous donnant des airs de Darwin en herbe, nous entrions en classe accueillis par un imperturbable squelette humain monté sur roulettes. Nous avions prénommé Didier ce fidèle tas d'os au sourire ravageur. Ne me demandez pas pourquoi, j'en ai totalement oublié la raison. Peut-être une imitation inconsciente de nos parents qui, quant à eux, répétaient la fameuse scène du film *Les Disparus de Saint-Agil* où les enfants entrant en classe disent « Salut, Martin ! » au squelette au fond de la salle ?

Le temps ne semblait pas avoir de prise sur Didier dont la présence, lugubre et rassurante à la fois, me laissait songeur, comme si elle voulait m'alerter sur la futilité du monde matériel, me rappelant que mon existence s'achèverait, comme celle de tous mes semblables, dans le plus simple appareil. Didier était souvent notre première confrontation avec cette chose étrange qu'on appelle la mort.

Ses deux cent six os nous racontaient une histoire en soi : celle d'une valeureuse charpente capable de soutenir chacun de nos muscles et de nos organes pour mieux les protéger face à l'adversité du monde extérieur.

Didier était tout à la fois un ami de chaque jour, la pièce maîtresse du décor de la salle de classe, mais aussi ce mannequin aux vertus pédagogiques qui nous faisait pénétrer les mystères du corps humain.

J'aimais beaucoup les mains de Didier. Cet organe du toucher devenait dans sa squelettique version une sorte d'incarnation de la finesse et de la grâce. Point de doigts boudinés ni d'ongles négligemment entretenus. Tout n'était que pureté et beauté dans les mains de Didier. Ce chapitre sur l'anatomie du pouce lui est dédié.

Le pouce humain présente une anatomie différente de celle des quatre autres doigts longs de la main, ce qui lui confère une fonctionnalité unique et essentielle dans la réalisation de tâches complexes. Ce sont, comme on l'a vu précédemment, ses deux phalanges, les autres doigts en comptant trois, qui rendent le pouce humain si spécial. Ces deux phalanges sont présentes chez tous les tétrapodes (vertébrés à quatre membres). Il s'agit donc d'une disposition très primitive que l'on trouve également sur le gros orteil.

Le pouce se distingue aussi par ses muscles, plus nombreux et plus grands par rapport à ceux des autres primates, et par sa longueur, qui facilite la connexion des coussinets du pouce sur les doigts (l'opposabilité).

Sa musculature de base représente 40 % de la musculature de la main, alors qu'elle n'est que de 20 % chez les chimpanzés.

Sa position latérale et opposée aux autres doigts permet au pouce d'agir comme un pivot ou un contrepoids pour saisir et manipuler des objets de manière fine et contrôlée.

Les réseaux nerveux et vasculaires du pouce sont également uniques, avec des structures spécifiques qui alimentent et innervent les tissus.

Le pouce possède une colonne ostéo-articulaire (une structure osseuse et articulaire) qui lui a permis de déployer une fonction vitale pour la préhension et la manipulation d'objets.

La colonne du pouce jouit d'une grande autonomie par rapport aux autres doigts et elle comprend cinq pièces osseuses constituant le rayon externe de la main : le scaphoïde, le trapèze, le premier métacarpien, la première phalange et la deuxième phalange.

Les os

Phalange proximale du pouce
Première phalange située à la base du pouce.

Phalange distale du pouce
Deuxième et dernière phalange située à l'extrémité du pouce.

Le métacarpien du pouce
Cet os qui connecte le pouce au poignet est extrêmement mobile dans à peu près toutes les directions pour jouer son rôle d'opposition.

Les articulations

La trapézo-métacarpienne
Aussi appelées « jointures », les têtes osseuses des métacarpiens ressortent lorsque l'on serre le poing. Cette articulation joue un rôle prépondérant dans l'opposition en permettant de saisir et de manipuler des objets de différentes tailles et formes. Elle permet aussi une grande variété de mouvements, y compris la flexion, l'extension, l'abduction, l'adduction, et même une certaine rotation. Cette gamme de mouvements est essentielle pour positionner le

pouce selon différents angles par rapport aux autres doigts.

Elle permet au pouce d'exercer une pince fine, comme lorsqu'on tient un stylo, ou une pince plus robuste, comme lorsqu'on tient un marteau. Elle est également stable, grâce à ses ligaments et à sa forme de selle, ce qui la rend résistante aux forces exercées pour saisir des objets.

Les ligaments jouent un rôle crucial dans la fonction du pouce en unissant les os entre eux. Les tendons, eux, connectent les muscles aux os, facilitant le mouvement du pouce.

Les ligaments
ligament inter-métacarpien
ligament oblique postéro-interne
ligament oblique antéro-interne
ligament droit antéro-externe

La métacarpo-phalangienne

Cette articulation a plusieurs fonctions essentielles pour les mouvements principaux de flexion (plier le doigt vers la paume) et d'extension (étendre le doigt loin de la paume). Elle permet également une certaine mesure d'abduction (écarter le doigt de l'axe central de la main) et d'adduction (ramener le doigt vers l'axe central de la main). Elle joue aussi un rôle central dans la préhension en permettant aux doigts de se plier et de saisir des objets, et engendre la dextérité qui permet des taches fines et détaillées comme l'écriture, la couture ou la manipulation de petits objets.

Les ligaments
ligaments latéraux interne et externe
ligaments métacarpo-glénoidiens interne et externe
ligament inter-sésamoïdien

L'inter-phalangienne

Cette articulation relie les deux phalanges du pouce : la phalange proximale et la phalange distale. Contrairement aux autres doigts qui ont deux articulations inter-phalangiennes, le pouce n'en possède qu'une. Elle permet la flexion et l'extension du bout du pouce, facilitant ainsi une variété de mouvements fins et la préhension. Elle joue un rôle essentiel pour saisir des objets ou pincer.

Les ligaments
ligaments latéraux interne et externe

Les muscles

Les muscles extrinsèques

Ils sont principalement situés dans l'avant-bras et se prolongent jusqu'au pouce via des tendons. Ces muscles jouent un rôle crucial dans la mobilité et la fonctionnalité du pouce.

muscle long abducteur (abductor pollicis longus)
court extenseur du pouce
long extenseur
long fléchisseur du pouce

Les muscles intrinsèques

Ils sont situés à l'intérieur de la main et sont essentiels pour la finesse et la précision des mouvements du pouce.

court abducteur
opposant
court fléchisseur
adducteur

Ce groupe de quatre muscles forme une saillie musculaire arrondie sur la paume de la main. Il porte le nom d'« éminence thénar ».

premier interosseux palmaire

CHAPITRE 10

Baby pouce

Sucer son pouce

Nous voici enfin arrivés au chapitre qui justifie à lui seul l'ensemble de cet ouvrage, avec un hommage que je renouvelle à ce pouce de la main gauche qui m'a fait passer un si grand nombre d'heures dans un état de béatitude absolue. J'en profite pour demander pardon à son jumeau de la main droite, que j'ai délaissé et qui a dû subir ce favoritisme pendant toutes ces années.

C'est une vision touchante du futur bébé : celle du fœtus suçant son pouce. Cette image que nous connaissons tous est souvent interprétée par les parents comme un signe de bien-être ou de contentement.
Dans le monde mystérieux de l'intra-utérin, on sait que le fœtus suce régulièrement son pouce, même s'il est impossible d'observer en continu un bébé sous échographie pour savoir si tous les fœtus, à un moment ou à un autre, mettent leur pouce à la bouche.
Certains vous diront que c'est plutôt rare de l'observer lors de l'échographie du premier ou du deuxième trimestre, qui ne dure qu'un quart d'heure. D'autres vous diront au contraire que tous les bébés sucent leur pouce in utero.
Selon la psychologue en périnatalité Nathalie Lancelin-Huin, il y a quand même une forte probabilité que tous les bébés, dans le ventre de la mère, trouvent le chemin de leur pouce.

Dès la 6e semaine de développement, l'aspect humain de l'embryon commence à se dessiner. L'ébauche de la bouche apparaît à la 5e semaine, résultant de la fusion du bourgeon maxillaire supérieur avec le bourgeon nasal externe. La formation de la bouche est intrinsèquement liée à celle du nez, car ils se forment initialement à partir d'une unique dépression. Dans cette dépression, les arcs des mâchoires, tant supérieure qu'inférieure, commencent à se dessiner. Sur ces arcs, dix bourgeons apparaissent, qui donneront naissance au bout de six mois à vingt dents temporaires. Les mâchoires, en se solidifiant, s'ajustent et fusionnent, définissant ainsi la cavité buccale. Cette dernière est séparée de la cavité nasale par le palais, qui émerge durant le deuxième mois de gestation. Le jeune embryon commence dès lors à ouvrir la bouche, dévoilant par moments sa langue.

Les premières activités de succion apparaissent entre 12 et 14/15 semaines. Il s'agit encore à ce stade de mouvements peu fréquents. C'est un comportement inné qui joue un rôle crucial dans la survie du nouveau-né, car il lui permettra de se nourrir dès la naissance.

Le fœtus peut aussi sucer sa main, son gros orteil ou le cordon ombilical, bref, tout ce qui se trouve à portée de sa bouche. Le milieu intra-utérin est ultra sensoriel et très fluide, rappelle Nathalie Lancelin-Huin, et il permet au bébé, qui a une méta-sensorialité, de découvrir avec sa bouche tout ce qui l'entoure. En explorant son environnement utérin dès les premiers stades de son développement, le fœtus va bouger ses membres, toucher la paroi de l'utérus et, naturellement, porter ses mains et ses doigts, y compris le pouce, à sa bouche.

Cette succion va aussi permettre au nouveau-né d'actionner des mouvements lorsqu'il devra téter le sein de sa mère. Lorsqu'il naît, le bébé doit solliciter à peu près une quarantaine de muscles de la mâchoire et de l'arcade dentaire pour téter le sein maternel. Cette stimulation trouve sans doute son origine in utero, lorsque le bébé se prépare en suçant son pouce à sa vie extra-utérine.

« En milieu intra-utérin, explique Nathalie Lancelin-Huin, le fœtus explore son environnement aquatique tel un navigateur au sein d'un vaisseau. Son corps se développe alors pendant toute cette odyssée, en reflétant l'histoire évolutive de la vie. Le pouce, notamment, se positionne dans la continuité du bras, structuré depuis la colonne vertébrale, passant par l'épaule et s'étendant jusqu'au bout des doigts. La morphologie du pouce est fascinante, car elle révèle en partie sa fonction. Sa courbure distinctive, sa taille plus courte par rapport aux autres doigts, ses nombreuses articulations et sa texture pulpeuse le rendent unique. Le mouvement naturel du bras le guide, avec le pouce menant l'exploration, trouvant aisément son chemin vers sa bouche. »

La succion est un comportement qui témoigne du développement neurologique du fœtus. Sa capacité de porter ses mains à sa bouche est le signe d'une coordination motrice croissante et de la maturation de son système nerveux central.

La succion du pouce in utero pourrait également avoir des fonctions apaisantes. Certains chercheurs suggèrent que cette action aiderait le fœtus à se calmer et à réguler ses émotions. On sait qu'à partir du moment où un bébé de quelques mois suce son pouce, il va sécréter des endorphines, ces hormones de l'apaisement qui permettent de réguler les tensions ou le stress (tension de faim pour l'apaiser jusqu'à l'heure du biberon ou du sein ou parce qu'il ressent des douleurs). Les infirmières puéricultrices en néonatalité donnent parfois leur doigt à téter au nouveau-né pour calmer sa faim, sa soif (en le faisant saliver), ses peurs et ses douleurs. Le pouce indépendant de la main a donc une fonction auto-apaisante de manière éveillée ou endormie. D'ailleurs, les adolescents et les adultes qui sucent encore leur pouce trouvent aussi dans cet acte une fonction apaisante d'auto-régulation des tensions.

La succion lors de la grossesse est également associée à la production de salive, qui contient des enzymes digestives. Même si le fœtus ne se nourrit pas encore par la bouche, ce processus pourrait préparer son système digestif à fonctionner après la naissance.

« Lorsque le nouveau-né suce son pouce en dormant, raconte Nathalie Lancelin-Huin, on peut aussi imaginer qu'il y a une activation de la mémoire utérine qui se met en place et qui lui permet de revivre les sensations du monde d'avant, tout comme la mère, via son organisme, lui permet de retrouver les battements du cœur d'avant ou l'odeur de son liquide amniotique à travers l'odeur de sa peau et de ses hormones. »

Le pouce est bien sûr un outil de préhension qui va permettre au bébé de saisir des objets de manière de plus en plus fine avec ses autres doigts. Nathalie Lancelin-Huin explique : « On peut observer chez des enfants malades ou prématurés, mais aussi tout simplement chez des bébés qui prennent un bain, ce moment où leur petit pouce vient se glisser dans la paume de l'adulte qui viendra se refermer de manière souple, comme un point de sécurité pour le jeune enfant dans ce moment de relâchement. »

Certains enfants sucent leur pouce en l'accompagnant d'un doudou qu'ils reniflent ou caressent pendant la succion. Le bébé peut utiliser plusieurs de ses sens, selon ses besoins de régulation ou d'adaptation.

Le doudou va jouer un rôle au niveau du toucher et de l'olfaction. Les tout petits enfants prennent parfois un tissu et le font glisser entre le pouce et l'index. Ce balancement et ce glissement représentent quelque chose de rassurant dans cet environnement qu'ils découvrent et qu'ils doivent affronter. Ce sont des circuits complémentaires à explorer, qui permettent à l'enfant de trouver un équilibre émotionnel, affectif, physique et biologique.

Pouce de la main droite ou gauche ?

Les fœtus développent des préférences pour la main droite ou la main gauche bien avant la naissance. Des études ont montré que la majorité des fœtus ont tendance à sucer leur pouce droit, ce qui pourrait être indicatif de la latéralité de l'individu à l'âge adulte.

Le pouce et la bouche sont faits pour s'entendre

Le pouce, qui est plus gros, rond et court que les autres doigts, est admirablement conçu pour s'intégrer à la bouche. Sa surface plane repose confortablement sur la langue, tandis que sa partie moelleuse et arrondie s'adapte parfaitement au palais. Lorsque le bébé place son pouce dans sa bouche, il remplit naturellement l'espace, respectant ainsi la rondeur et la physiologie de celle-ci. Retirer son pouce à un bébé qui vient de s'endormir est presque mission impossible tant il le maintient fermement entre ses dents.

Lors de sa naissance, le bébé, poursuivant son habitude acquise in utero, cherchera souvent à mettre son pouce dans sa bouche. Cependant, trouver son pouce devient plus ardu à l'extérieur qu'à l'intérieur de l'utérus. Le voilà arrivé dans un milieu anaérobie qui ne va pas lui faciliter la tâche. Imaginez le défi, pour un si petit être, de passer d'un environnement aquatique à un environnement soumis à la gravité, où le poids de son corps est bien plus marqué que dans l'abri maternel. Progressivement, le bébé mobilisera la musculature de son bras, tout son système musculaire ainsi que sa mémoire neurologique pour retrouver son pouce et le porter aisément à sa bouche.

Alors que le bébé découvre et prend plaisir à sucer son pouce, une étape naturelle de son développement, les parents, eux, commencent à observer ce comportement avec une curiosité mêlée d'interrogations. Pour beaucoup, voir leur enfant adopter ce réflexe suscite des questions sur sa signification, sa durée et ses éventuelles conséquences. La douceur du geste du bébé contraste souvent avec les réflexions et les préoccupations grandissantes des parents à ce sujet. Rapidement se pose la question de la déformation du palais et de la désorganisation dentaire dues à la succion du pouce.

Pouce or not pouce ?

En théorie, explique Nathalie Lancelin-Huin, un enfant doit cesser de sucer son pouce vers l'âge de 3 ou 4 ans, lorsque les dents arrivent. En effet, la relation physiologique du pouce avec la cavité buccale en vue de la succion des premiers mois se modifie petit à petit. Et elle finit par ne plus respecter cet espace physique d'un point de vue strictement développemental. Reste toutefois le côté affectif et psychologique, et il n'est pas des moindres.

Certains enfants vont avoir avec leur pouce une relation plus ou moins intense ou privilégiée, selon leurs besoins. Le bébé va d'ailleurs avoir un pouce préférentiel. Jusqu'à 6 mois, on considère que sucer son pouce est de l'ordre de l'instinct et que cela correspond à une physiologie du corps. La psychologue affirme ensuite que l'on peut conserver cette fonction d'apaisement du pouce jusqu'à l'âge de 3 ou 4 ans. Elle aide l'enfant à se consoler ou à se rassurer, ce qui est très précieux pour un tout-petit car cela le rend capable de s'apaiser par lui-même, contrairement à la tétine, au biberon ou au sein qu'il ne peut pas mettre seul à la bouche. Le pouce fait donc partie du kit dont dispose le petit pour s'autonomiser, acquérir une indépendance et réguler ses tempêtes émotionnelles.

Certains enfants vont ensuite arrêter spontanément de sucer leur pouce. Mais souvent, ils arrêtent de sucer leur pouce avec l'aide de leurs parents ou des professionnels qui les accompagnent en crèche puis à l'école. Dans notre société, on estime qu'un enfant qui entre en petite section est censé ne plus porter de couches, n'avoir son doudou que pour la sieste et ne plus sucer son pouce. À partir de 4 ou 5 ans, les médecins, les dentistes et les professionnels de la petite enfance conseillent donc aux parents d'empêcher le recours systématique au pouce pour endormir ou calmer l'enfant, évoquant les soucis d'ordre dentaire comme la déformation du palais et les problèmes orthodontiques.

Certains estiment même que le meilleur âge pour tenter de faire perdre cette habitude se situe vers 2-3 ans, au moment où se développent d'autres sujets d'intérêt qui donnent de l'assurance aux petits comme la marche, la parole, l'entrée à l'école et le contact avec les autres enfants.

« Mais attention, prévient Nathalie Lancelin-Huin, il ne faut pas sous-estimer la fonction biologique et affective du pouce chez l'enfant en voulant le lui retirer coûte que coûte. »

Comment aider son enfant à arrêter de sucer son pouce ?

Si l'on compile tous les conseils qui sont donnés pour inciter son enfant à ne plus sucer son pouce, on note d'abord qu'il est important de réaliser ce sevrage en douceur et sans être critique. Se moquer de lui ou le gronder serait par exemple totalement contre-productif. Au contraire, il est nécessaire de l'encourager à exprimer ce qu'il ressent en suçant son pouce pour en comprendre les raisons. Est-ce lorsqu'il est fatigué, anxieux ou qu'il s'ennuie ?

Pas d'inquiétude si le sevrage demande du temps ou si ça ne marche pas du premier coup. Il est important de choisir le bon moment en évitant des périodes compliquées de sa vie (propreté, naissance d'un frère ou d'une sœur, divorce, déménagement, entrée à l'école, deuil, etc.).

Sucer son pouce est comme fumer une cigarette, il s'agit d'une manie qui se transforme en besoin auquel il faut trouver un substitut. Si sucer le pouce est associé au sommeil, on peut essayer de modifier la routine du coucher en introduisant un nouvel objet réconfortant, comme une peluche ou un doudou.

Certains enfants ont besoin d'une stimulation orale. Les jouets à mâcher ou colliers de mastication, fabriqués à partir de matériaux sûrs et non toxiques, peuvent être une alternative. D'autres trouveront du réconfort en tenant des mouchoirs ou tissus doux.

Vous pouvez aussi encourager votre enfant à utiliser ses mains pour des activités comme le dessin, la pâte à modeler ou d'autres jeux manuels destinés à faire diversion. Chanter une chanson ou écouter de la musique apaisante peut aussi aider dans certains cas à calmer un enfant et à réduire le besoin de sucer son pouce.

Il existe également des subterfuges, comme les mitaines à pouces avec une texture désagréable au palais ou les vernis amers. Cependant, il est important de s'assurer que ces petits éléments de torture ne stigmatisent pas ou n'embarrassent pas l'enfant.

Utilisez également des renforcements positifs. Complimentez-le lorsqu'il ne suce pas son pouce ou donnez-lui de petites récompenses pour des périodes sans succion.

Si votre enfant est suffisamment âgé, expliquez-lui pourquoi il est bénéfique d'arrêter de sucer son pouce, notamment en termes de santé dentaire. Un orthodontiste ou un dentiste peut aussi expliquer directement à l'enfant les effets de la succion sur ses dents. Entendre ces informations de la bouche d'un professionnel peut avoir un impact.

Si l'habitude persiste en dépit de vos efforts et semble liée à des problématiques émotionnelles ou anxieuses, envisagez de consulter un psychologue spécialisé dans les questions d'enfance.

Dans tous les cas, soyez patient et compréhensif : rappelez-vous que sucer son pouce est un mécanisme d'auto-apaisement réconfortant pour votre enfant. Avec le temps et le soutien, la plupart des enfants abandonnent naturellement cette habitude.

Pouce versus tétine

Le choix du pouce ou de la tétine est un sujet de discussion courant pour de nombreux parents. Les deux peuvent offrir du réconfort à l'enfant, mais ils ont chacun leurs avantages et inconvénients.

Pouce :

Avantages : il est toujours disponible, l'enfant peut donc s'apaiser tout seul lorsqu'il en a besoin.

Il ne tombe jamais ! Il n'y a donc pas de risque de le perdre ou de l'oublier.

Sucer son pouce interfère peu avec le besoin de parler ou de s'exprimer.

Inconvénients : le pouce étant toujours accessible, il peut être plus difficile pour un enfant de cesser de le sucer.

Sucer son pouce pendant une longue période peut entraîner des problèmes d'alignement des dents ou de formation du palais.

Cela peut engendrer un mauvais positionnement de la langue et provoquer le zozotement (parler sur le bout de la langue) ainsi que des problèmes de déglutition (bave).

Tétine :

Avantages : les parents peuvent décider quand et où l'enfant a accès à la tétine et ils peuvent progressivement réduire son utilisation jusqu'à l'éliminer complètement.

Les tétines peuvent être stérilisées, alors que le pouce peut souvent être sale.

Inconvénients : les tétines peuvent être perdues ou oubliées, ce qui peut devenir problématique si l'enfant en a besoin pour se calmer.

Certains enfants peuvent aussi devenir très attachés à une tétine spécifique, rendant le sevrage plus difficile.

Problèmes dentaires : tout comme avec le pouce, sucer une tétine pendant une longue période peut affecter la croissance dentaire.

Aux yeux des orthodontistes, la tétine serait plus nocive que le pouce. En effet, l'enfant comprend très vite qu'il risque de faire tomber sa tétine et qu'elle sera plus difficile à récupérer s'il ne la suce pas en permanence. Il sera donc amené à la téter plus vigoureusement afin de ne pas la perdre, ce qui entraînera plus d'effets délétères pour le palais.

Sucer son pouce à l'âge adulte.
Même si aucune étude n'existe sur le sujet, les adultes qui sucent encore leur pouce ne seraient pas si rares. Mais le sujet reste tabou.

Ce comportement peut persister à l'âge adulte pour diverses raisons. Certaines personnes n'ont jamais cessé de sucer leur pouce depuis leur enfance. Cela peut être une habitude difficile à rompre, en particulier si elle est associée à des souvenirs réconfortants ou à des moments de détente.

Pour certains adultes, sucer leur pouce peut être comme pour le bébé une manière de gérer l'anxiété, le stress ou d'autres émotions intenses. C'est aussi, comme pour l'enfant, une forme d'auto-apaisement. Dans certains cas, le fait de sucer son pouce à l'âge adulte peut être lié à des expériences ou à des traumatismes antérieurs, ou à des besoins émotionnels non satisfaits. Certaines personnes ont également un besoin accru de stimulation orale et peuvent sucer leur pouce, mâcher des objets ou des gommes comme moyen de répondre à ce besoin.

Téter sa langue à la place du pouce peut être sociale-ment plus discret dans des moments où des adultes en auraient besoin pour calmer leurs tensions.

Chronologie de la préhension chez l'enfant

La préhension chez le bébé se développe graduel-lement au cours de sa première année de vie. Cette évolution se fait en plusieurs étapes et elle est cru-ciale pour le développement de la motricité fine. Voici les grandes étapes de la préhension avec le pouce de la naissance jusqu'à 12 mois.

0-2 mois : réflexes primitifs avec succion du pouce
Il n'y a pas encore d'utilisation intentionnelle du pouce. La préhension est surtout réflexive à ce stade. Si vous touchez la paume du bébé, son petit doigt va se fermer automatiquement grâce au réflexe de préhension palmaire.

2-4 mois : préhension palmaire
Le bébé commence à ouvrir et fermer active-ment sa main pour saisir au contact. Il commence à atteindre des objets mais sans vraiment utiliser son pouce de façon active. C'est ce qu'on appelle la préhension palmaire, car l'objet est pressé dans la paume sans l'utilisation du pouce.

4-6 mois : préhension volontaire
Il peut tenir des objets volontairement. Le pouce commence à s'opposer aux autres doigts pour

tenir des objets, mais la coordination est encore imparfaite.

6-9 mois : préhension radiale

Il peut maintenant saisir de petits objets avec le pouce et l'index : c'est la fameuse « pince radiale » où le pouce opposable et l'index se rencontrent à leur base, l'objet étant encore tenu par la partie latérale de l'index et non par la pointe. L'enfant peut porter les objets à la bouche (7 mois), les passer d'une main à l'autre (7-8 mois) et les saisir pour les lâcher (8 mois).

9-12 mois : préhension pincée fine

La coordination pouce-index s'affine et le bébé commence à utiliser la « pincette », qui implique l'utilisation de la pointe de l'index et du pouce pour saisir de petits objets. Cette habileté s'améliore vers l'âge de 12 mois, moment où la plupart des bébés peuvent saisir de petits objets comme des céréales entre le pouce et l'index avec précision.

12-15 mois : préhension raffinée

Amélioration de la pince fine. L'enfant est capable de ramasser des objets plus petits avec plus de précision.

15-18 mois : la préhension devient plus intentionnelle

L'enfant commence à utiliser les objets de manière appropriée, comme tenir un crayon, mais pas encore avec la bonne prise.

18-24 mois : vers une maîtrise manuelle et digitale

Il commence souvent à montrer une préférence pour utiliser la main droite ou la gauche. La prise du crayon s'améliore, passant de la prise en poing à la prise digitale avec le crayon tenu plus fermement entre le pouce, l'index et le majeur.

24-36 mois : préhension spécialisée et coordination

Développement d'une meilleure coordination et de la capacité à saisir des objets avec précision. Les bébés apprennent à utiliser leurs doigts et leurs mains de manière plus coordonnée et intentionnelle pour des tâches comme tenir un crayon, empiler des blocs ou manipuler de petits objets.

24-30 mois : affinement de la coordination
et de la préhension

Il utilise la prise en tripode (pouce, index, majeur) de manière plus constante et peut maintenant effectuer des mouvements plus complexes comme tourner des boutons ou utiliser des ciseaux adaptés à son âge.

30-36 mois : évolution de la précision
et de la coordination

À cette étape, la plupart des enfants sont capables d'exécuter une prise en tripode dynamique, qui implique le mouvement des doigts pour manipuler un objet, comme lors de l'écriture ou du dessin. La précision et la coordination main-œil continuent de s'affiner.

Après 3 ans :

Les enfants développent des compétences plus complexes dans l'utilisation de leurs mains et doigts. Ils sont capables de réaliser des tâches nécessitant une bonne dextérité, comme boutonner un vêtement, utiliser correctement des couverts et réaliser des activités artistiques détaillées comme le coloriage dans les lignes.

Il est important de noter que ces étapes sont des généralités et peuvent varier considérablement d'un enfant à l'autre.
Certains peuvent développer certaines habiletés plus tôt ou plus tard que d'autres.

Les prises

Les prises du pouce font référence aux différentes manières dont le pouce interagit avec les autres doigts pour saisir et manipuler des objets grâce à sa position opposée par rapport aux autres doigts.

Ces différentes prises permettent une large gamme de manipulations d'objets de tailles et de formes variées et une grande diversité de mouvements.

Lorsqu'on étudie son anatomie, sa physiologie et ses différentes pathologies, tout tourne autour de cette fonction de préhension. Tourner une clef, prendre un crayon, ouvrir un couvercle, tenir un marteau : dans tous ces exemples, le pouce verrouille les prises.

Lorsque vous prenez un marteau, vous le tenez avec les quatre doigts longs mais le pouce vient fermer la prise et la verrouiller pour lui donner toute sa force.

Voici quelques-unes des prises les plus courantes impliquant le pouce.

Les prises palmaires

Elles font référence aux différentes manières dont le pouce interagit avec les autres doigts pour saisir et manipuler des objets en utilisant la paume.

La prise digito-palmaire

Dans cette prise, le pouce ne participe pas activement à la préhension de l'objet. La force principale provient de la paume et des quatre autres doigts qui encerclent ou pressent l'objet contre la paume.

La préhension palmaire à pleine main

Elle est essentielle pour des activités qui nécessitent une force considérable, comme soulever des poids lourds. L'engagement du pouce en contact avec les autres doigts permet une meilleure répartition de la force et assure une prise stable. Le positionnement du poignet joue également un rôle crucial pour maximiser la force et minimiser la tension sur les structures de la main. Cette prise est typiquement utilisée dans des activités quotidiennes telles que soulever une bouteille d'eau, porter un sac lourd ou encore saisir un outil de travail.

Les prises digitales

Elles font référence aux préhensions où les doigts, et en particulier le pouce, jouent un rôle prédominant. Dans cette prise, l'objet est maintenu au bout des doigts.

Voici quelques types de prises digitales :

Prises bidigitales

Les prises bidigitales font référence aux préhensions qui impliquent l'utilisation de deux doigts. Elles sont courantes car le pouce est souvent utilisé en opposition aux autres doigts pour saisir et manipuler des objets.

Prise termino-pulpaire, ou pulpo-unguéale

La plus fine et le plus précise pour des petits objets. Elle est réalisée entre la pulpe du pouce et celle de l'index. Couramment utilisée pour saisir avec précision de petits objets, tels que des perles, épingles, allumettes ou boutons.

Prise subtermino-latérale

Prise couramment utilisée dans des activités qui nécessitent une grande précision, comme tenir une aiguille ou un stylo, saisir un fil ou une pièce de monnaie.

Prise subtermino-subterminale

Dans cette prise, la région subterminale du pouce est en contact avec la région subterminale d'un autre doigt, généralement l'index. Cette prise est couramment utilisée pour saisir de très petits objets, comme des aiguilles ou des fils.

Prises pluridigitales

Ces prises impliquent l'utilisation de plusieurs doigts, y compris le pouce, pour saisir et manipuler des objets. Le pouce joue un rôle essentiel dans ces prises, car il permet d'opposer les autres doigts pour obtenir une meilleure préhension.

Prise tridigitale

Elle implique le pouce, l'index et le majeur (médius). Elle est fréquemment utilisée pour saisir des objets de taille moyenne, tels que des crayons, des balles ou pour dévisser un bouchon.

Prise tétradigitale

Elle implique l'utilisation de quatre doigts, généralement le pouce ainsi que l'index, le majeur et l'annulaire, pour saisir et manipuler des objets. Cette prise permet une manipulation plus précise des objets par rapport à une prise utilisant tous les doigts, car elle offre une plus grande liberté de mouvement. Elle est couramment utilisée dans de nombreuses tâches quotidiennes, comme tenir un stylo, un pinceau, utiliser des couverts ou dévisser un couvercle.

Les prises pentadigitales

Prise utilisant les cinq doigts de la main pour saisir et manipuler un objet, offrant une préhension complète et une force maximale. L'utilisation de tous les doigts permet une distribution égale de la force, offrant une prise solide et stable sur l'objet. Elle peut être utilisée pour saisir une grande variété d'objets, des plus petits aux plus grands, comme soulever des objets lourds, saisir un ballon, un bol ou même lors d'activités comme l'escalade. Cette prise offre un mélange d'adaptabilité, de dextérité et de force.

CHAPITRE 11

Orthodontie

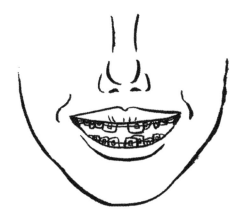

Comme je vous le confiais en vous livrant une part très intime de ma relation à mon pouce, ma mère s'est souvent inquiétée de me le voir sucer aussi longtemps, anticipant sans doute les effets dévastateurs d'une succion prolongée sur la denture de sa chère descendance. Je ne sais par quel miracle je ne me suis jamais retrouvé entre les mains d'un orthodontiste, mais, selon les logiques de la statistique, mes dents auraient dû faire l'objet d'une prise en main radicale de la part d'un spécialiste. Contre toute attente, il n'en fut rien, et je remercie ici le dieu des appareils dentaires multibagues de m'avoir épargné ce pénible compagnonnage.

La plupart des patients traités par les orthodontistes sont d'anciens suceurs tardifs de pouce ou de tétine. L'orthodontie est une spécialité médicale qui se concentre sur le diagnostic, la prévention et le traitement des malpositions dentaires et des irrégularités de la mâchoire. Son objectif principal est de corriger l'alignement des dents et des mâchoires pour améliorer l'apparence esthétique, assurer une mastication correcte et contribuer à une santé buccodentaire optimale. Selon les estimations de l'Organisation Mondiale pour la Santé (OMS), un enfant sur deux aurait besoin d'un traitement d'orthodontie.

Les chiffres de l'Assurance maladie en 2021 évoquent 2,5 millions d'enfants et d'adolescents de 5 à 19 ans ayant reçu des soins orthodontiques, ce qui représente 20 % de cette classe d'âge.

Chez l'enfant de 5-6 ans, les soins les plus sollicités concernent les problèmes de dimension de la mâchoire supérieure, le maxillaire qui est l'un des principaux os du visage et de la cavité buccale et qui joue un rôle essentiel dans la structure de la face.

Le Dr Patrick Fellus, expert en orthopédie dentofaciale, indique que lors des consultations avec des enfants jusqu'à 7 ou 8 ans, il interroge systématiquement les parents en leur demandant si leur enfant utilise toujours un biberon. « Bien que la réponse soit fréquemment négative, il est courant de constater que l'enfant continue d'utiliser le biberon à certains moments, notamment le soir avant de dormir ou le matin avant de partir à l'école. »

Or le biberon doit avoir disparu à 2 ans, explique le docteur. Au-delà, cela devient dysfonctionnel. Le fait de sucer son pouce n'entraînerait pas en soi de déformations ni de conséquences négatives si parallèlement toutes les autres praxies comme la mastication peuvent se mettre en place. « Si l'enfant suce son pouce mais qu'il respire correctement, qu'il articule correctement, qu'il avale correctement et qu'il mastique, ça n'est pas très grave. Jusqu'à l'entrée à l'école maternelle, sucer son pouce est tolérable, surtout si cela disparaît progressivement », explique Patrick Fellus.

Malheureusement, le recours prolongé à la succion (pouce, tétine ou biberon) empêche la mastication et donc le développement de la mâchoire.

Associée à une alimentation de plus en plus molle (steaks hachés, purées, soupes, crèmes, etc.), cela représente un véritable danger pour le développement de l'enfant puisqu'il n'encourage pas un mécanisme de mastication robuste. Un tel mécanisme, pour être efficace, doit être opérationnel dès l'âge de 4 ans. Tout comportement prolongeant la succion retarde le développement d'une mastication saine. Naturellement, à mesure que l'enfant commence à mastiquer efficacement, il ressentira de moins en moins le besoin de recourir au réconfort de la succion du pouce.

La succion est un mécanisme physiologique qui se développe in utero. Elle permet au fœtus, nourri en continu, à une température stable et dans un milieu liquide, de se préparer à sa vie postnatale en retrouvant instinctivement le sein maternel pour son premier repas hors de l'utérus. En introduisant progressivement des aliments de plus en plus solides, l'apprentissage de la mastication aide l'enfant à activer et à perfectionner un nouveau système de coordination bucco-motrice.

La succion du pouce peut entraîner une mauvaise position de la langue si la succion-déglutition (fonction qui se déroule une fois par minute) reste archaïque. L'activité de certains muscles va entraîner des déformations. Lorsqu'il se met en place, le système masticatoire change complètement la manière de positionner sa langue ainsi que l'équilibre musculaire qui en est la conséquence.

Une bonne musculature de la mâchoire permettra plus tard de profiter d'une dentition solide et alignée.

L'étude de la physiopathologie de la musculature buccale a permis de bien comprendre les impacts de la succion sur la dentition. Les examens cliniques approfondis révèlent que les enfants suceurs de pouce présentant des déformations dentaires montrent aussi des anomalies musculaires buccales : hypotonie labiale (manque de tonus musculaire), interposition de la pointe de la langue et mode d'absorption infantile de la salive. Ce sont ces facteurs combinés, et non la succion du pouce en elle-même, qui causent les malpositions dentaires.

La succion du pouce peut aussi entraîner des conséquences allant bien au-delà des déformations dentaires et faciales. Ces déformations ne sont pas uniquement esthétiques, elles peuvent aussi impacter le développement du langage de l'enfant, influençant ainsi son intégration sociale. Par ailleurs, des mâchoires trop étroites peuvent affecter le développement des fosses nasales, conduisant l'enfant à adopter une respiration buccale. Ceci peut également perturber le drainage de l'oreille interne, causant des otites fréquentes mais aussi des effets plus méconnus comme une diminution de la concentration, un sommeil de mauvaise qualité, voire de véritable apnées du sommeil, de l'irritabilité et des infections virales. Pour prévenir ces problèmes, il est recommandé d'effectuer une consultation orthodontique entre l'âge de 3 et 6 ans.

Des études réalisées sur le bilan de santé de l'enfant à 4 ans montrent qu'à cet âge, seulement 60 % des petits avalent correctement et ont une croissance normale. Les anomalies de croissance qui nécessiteront plus tard des traitements orthodontiques sont déjà présentes entre 4 et 6 ans chez les enfants ayant des habitudes de succion induites par le pouce, la tétine ou le biberon.

Habitude ou nécessité ?
Pour le docteur Fellus, il est très important de distinguer les succions « habitude » des succions « nécessité » pour

l'enfant. Le simple port d'un appareil durant quelques semaines permet de faciliter un sevrage sans effort pour l'enfant ou de confirmer la succion « nécessité », qui peut correspondre à un trouble de la personnalité ou à un problème passager avec un besoin de succion qu'il faut respecter (divorce des parents, naissance d'un petit frère, perception d'abandon). Il sera alors nécessaire de faire appel à un psychologue ou à un pédopsychiatre pour approfondir le problème.

Traitements

Aujourd'hui, les enfants reçoivent des traitements de plus en plus tôt. Lorsqu'ils bénéficient d'une intervention précoce, le recours aux traitements avec multibagues est considérablement réduit. Les progrès dans le domaine de l'orthodontie esthétique sont constants, avec les bagues et les fils invisibles, l'orthodontie linguale et les gouttières transparentes. On voit de moins en moins d'enfants porter des casques orthodontiques (également connus sous le nom d'appareils extra-oraux), depuis l'arrivée de petits implants servant de support aux tractions mécaniques.

L'orthodontie moderne adopte une approche pédiatrique centrée sur l'utilisation des forces musculaires naturelles présentes lors de diverses fonctions telles que l'élocution, la mastication et la déglutition. Les anomalies dentaires souvent constatées résultent principalement d'un déséquilibre de ces forces musculaires.

Plutôt que de s'appuyer sur des forces mécaniques externes, cette approche mise sur la correction des forces musculaires. Ceci est réalisé en encourageant les enfants à abandonner certaines habitudes dites « archaïques » telles que la succion du pouce, l'utilisation de la tétine ou du biberon. L'établissement d'une déglutition saine, d'une bonne respiration nasale et d'une mastication correcte avec une alimentation solide stimule la croissance des maxillaires. Par conséquent, les dents définitives émergent dans une position favorable, rendant les extractions dentaires moins fréquentes.

Ce processus devrait idéalement avoir lieu vers l'âge de 4 ans. Les enfants qui adoptent ces bonnes habitudes à cet âge ont moins de chances de subir un traitement orthodontique plus tard.

D'autre part, les enfants plus jeunes accueillent souvent mieux l'idée de devoir porter un appareil orthodontique que les adolescents. Les petits l'intègrent plus facilement dans leur perception d'eux-mêmes et ne se soucient généralement pas de la durée du traitement.

Enfin, il n'est pas nécessaire d'attendre que les dents de lait soient tombées pour commencer des traitements. Au contraire, adopter une approche préventive peut permettre d'éviter des traitements orthodontiques plus invasifs et les fameux sourires « bagués » au moment de l'entrée dans l'adolescence.

CHAPITRE 12

Lorsque le pouce fait mal

Le pouce n'est pas qu'un doigt apportant du réconfort aux enfants ou la partie d'une pince qui a changé la face de l'humanité en nous rendant, au quotidien, un nombre incalculable de services.

Il peut aussi nous faire regretter notre manque de reconnaissance face à son indispensable fonction, en se rappelant à notre bon souvenir dans des circonstances malheureuses.

Car le pouce peut faire mal, très mal. Arthrose, entorse, tendinite ou panaris, ses maux sont nombreux. Nous découvrirons au passage que la passion pour les jeux vidéo peut provoquer des pathologies très inattendues chez les gamers, tout comme la rédaction compulsive de SMS.

Et si d'aventure, ce que je ne vous souhaite pas, vous tranchiez votre pouce à la façon d'un vulgaire morceau de steak, de précieux conseils vous seront prodigués dans ce chapitre pour conserver votre doigt et permettre au chirurgien le plus compétent de vous le restituer dans les meilleures conditions.

Avec ses muscles individuels contrôlés par trois nerfs principaux de la main, le pouce représente une partie incroyablement complexe du corps, facilement sujette aux blessures.

Pour les chirurgiens, il est le doigt le plus important de la main car il s'oppose aux autres doigts et permet la préhension et l'écriture.

Lorsqu'une amputation des doigts est inévitable, le pouce est le doigt qu'il faut absolument essayer de conserver et de réimplanter pour retrouver la préhension.

Dans certaines maladies où le pouce n'arrive pas à s'opposer aux autres doigts, la prise de force est fortement perturbée. La fonction d'opposition est donc fondamentale. Voici les pathologies associées au pouce.

— 153 —

Arthrose du pouce ou rhizarthrose

L'articulation la plus importante du pouce est l'articulation trapézo-métacarpienne qui permet tous les mouvements de rotation spatiale. La rhizarthrose atteint l'articulation entre le trapèze et le premier métacarpien. Cette articulation étant très sollicitée, elle peut entraîner des douleurs persistantes.

La rhizarthrose débute avec une douleur dans le pouce lors des mouvements de la vie quotidienne et génère parfois une perte de force pouvant être gênante chez certains travailleurs. Elle provoque dans ses formes sévères une déformation de la base du pouce. L'arthrose est une maladie qui touche des millions de personnes. À elle seule, elle occasionne en France neuf millions de consultations médicales par an. Avec l'utilisation intensive des mains pour actionner des manettes de jeu vidéo, des souris et des claviers, de plus en plus de jeunes peuvent également être touchés, notamment par l'arthrose des doigts.

L'arthrose concerne 17 % de Français, soit 10 millions de personnes, et près de 2 millions sont concernées par l'arthrose du pouce.

La prothèse de pouce permet de soulager le patient de manière efficace. Pourtant, la pose de cette prothèse reste encore méconnue du grand public. Dans un entretien accordé en 2022 à *What's Up Doc*, le magazine des jeunes médecins, le Dr Thomas Apard expliquait pourquoi ces prothèses sont si mal connues : « Historiquement on disait que l'arthrose du pouce était due à la vieillesse, et qu'on ne pouvait pas y faire grand-chose. On disait juste aux patients de supporter la douleur. Parallèlement à cela, il y a d'autres arthroses qui sont beaucoup plus rares mais beaucoup plus invalidantes comme l'arthrose de la hanche qui ne touche que 300 000 personnes mais dont on parle plus car elle touche la locomotion (...) Les prothèses de pouce ont une quarantaine d'années. Les premières n'ont pas donné de résultats satisfaisants. Ce n'est que depuis les années 2000 qu'elles sont performantes (...) Ces prothèses de pouce sont hyper fiables et peuvent durer vingt ans. »

Tendinite de Quervain

Cette tendinite est une inflammation douloureuse touchant les tendons du poignet qui permettent de relever le pouce, plus précisément le long abducteur et le court extenseur.

Ces tendons cheminent le long du radius et dans un tunnel formé par une membrane (le rétinaculum des extenseurs). Lors des mouvements répétés, les tendons frottent dans ce tunnel et s'enflamment en provoquant des douleurs et des difficultés de mouvement au niveau du pouce et du poignet.

Pathologies traumatiques

Fractures

Les fractures du pouce sont assez courantes, car ce doigt est souvent utilisé et exposé lors de diverses activités. Elles peuvent affecter différentes parties du pouce. On retrouve ainsi des fractures des phalanges ou de la base du pouce, près du poignet. Elles incluent la fracture de Bennett (fracture de la base du premier métacarpien avec subluxation ou dislocation de l'articulation entre le premier métacarpien et le trapèze), la fracture de Rolando (en plusieurs fragments) de la base du 1er métacarpien et la fracture extra-articulaire de la base du premier métacarpien (affectant l'os métacarpien du pouce).

Entorses

La plus fréquente est celle du ligament latéral interne du pouce. C'est l'entorse qui survient lors d'une chute à ski, lorsque le pouce s'écarte au maximum alors qu'il est retenu par la dragonne du bâton qui l'entraîne dans un mouvement vers l'extérieur. Elle se rencontre également fréquemment lors de la pratique de sports de ballon, de sports de combat, ou à l'occasion de chutes en deux-roues. Cette entorse peut être bénigne ou grave selon que le ligament est partiellement déchiré ou complètement rompu.

Panaris

C'est une infection bactérienne de la peau qui se situe souvent autour des ongles des mains ou des pieds. Lorsqu'il se produit sur le pouce, il peut être particulièrement douloureux en raison de la sensibilité de cette zone. Il peut se développer à la suite d'une blessure mineure, d'une coupure, d'une écorchure ou même d'un ongle incarné, qui permet aux bactéries d'entrer dans la peau.

Pathologies congénitales

L'hypoplasie

L'hypoplasie du pouce est une pathologie congénitale, ce qui signifie que l'enfant est né avec cette malformation. Le degré de sous-développement du pouce peut varier. Sa taille peut être légèrement inférieure à la normale, ou faire entièrement défaut (affection appelée aplasie du pouce). On peut traiter cette pathologie par une réorientation de l'index. Ce doigt qui servira de nouveau pouce sera détaché avec les tendons et les nerfs pour être tourné et mis en opposition aux autres doigts. C'est une chirurgie très compliquée mais qui a le gros avantage de redonner une pince à l'enfant. On obtiendra une main à quatre doigts mais c'est toujours la recherche d'un pouce opposable qui justifie cette chirurgie.

La brachydactylie

C'est une malformation congénitale (présente dès la naissance) correspondant à un raccourcissement des doigts et des orteils liée à la brièveté ou à l'absence des os (phalanges, métacarpes ou métatarses). Elle est généralement d'origine génétique, ou liée à la prise de certains médicaments par la mère pendant la grossesse. Il existe cinq types différents de cette affection mais, la plupart du temps, elle n'a pas d'incidence sur la qualité de vie des personnes qui en souffrent.

– 157 –

La duplication du pouce

Il s'agit d'un doigt dédoublé, soit partiellement, soit complètement. Le pouce a ainsi deux ongles et deux pulpes. Le traitement consiste à enlever le pouce de plus petite taille, ou bien à refaire un pouce en prenant la moitié de chaque pouce.

Si vous vous amputez le pouce
Mettre le pouce coupé dans une compresse stérile ou dans un tissu propre, le tout introduit dans un sac en plastique fermé.

Déposer le sac dans un contenant type Tupperware sur un lit de glace du frigidaire à 4 degrés et non pas de la glace de congélateur trop froide.

Ne jamais mettre le pouce au contact direct de la glace afin de ne pas créer de gelures qui pourraient empêcher la réimplantation du pouce en raison de lésions irréversibles.

Fermer avec un couvercle.

Emmener le patient et son pouce au plus vite à l'hôpital.

Conseils du Professeur Dominique Le Nen, chirurgien de la main au CHRU de Brest.

Si le pouce a été broyé ou perdu, il existe toute une panoplie de gestes pour essayer de le reconstruire. C'est une opération qui ne se fait pas dans l'urgence.

Il faut d'abord attendre la cicatrisation du moignon. Le chirurgien discute ensuite avec le patient. En fonction de son âge et de son niveau d'amputation, il va lui proposer différentes techniques possibles. Par exemple l'utilisation d'un autre doigt comme l'annulaire ou l'index que l'on peut transposer pour en faire un pouce. On appelle cette opération une « **pollicisation** ».

L'option la plus esthétique mais qui n'est parfois pas réalisable est le transfert d'un gros orteil, avec une chirurgie sur mesure pour refaire un doigt qui ressemble vraiment à un pouce. Cette technique microchirurgicale consistant à prélever une partie du gros orteil pour la reconstruire a été initialement testée sur un macaque en 1966. Trois ans après ce test, la même procédure a été réalisée avec succès sur l'humain en Chine.

Après cette chirurgie, une période de rééducation est nécessaire pour récupérer la souplesse du pouce. De plus, contrairement à certaines chirurgies de la main, cette opération n'exige pas toujours une anesthésie générale ; une anesthésie locorégionale peut suffire.

Certains facteurs peuvent rendre cette opération dangereuse. Elle n'est ainsi pas recommandée aux fumeurs de plus de 50 ans, en raison du risque accru d'obstruction des vaisseaux sanguins pendant la cicatrisation. Bien qu'il n'y ait pas de limite temporelle stricte pour subir cette chirurgie après un accident, la plupart des personnes amputées préfèrent s'y soumettre le plus tôt possible pour retrouver leur intégrité physique et la fonction de leur main.

– 159 –

En France, presque 1,5 million d'accidents de la main se produisent annuellement, selon la Fédération Européenne des Services Urgences Mains (FESUM).

Le pouce des gamers

Les pouces jouent un rôle crucial dans le monde des jeux vidéo, et leur importance ne cesse de croître avec l'évolution des consoles de jeux et des manettes. Sur la plupart des manettes de consoles modernes, les pouces sont utilisés pour manipuler les sticks analogiques, qui contrôlent souvent les mouvements des personnages ou la caméra. Les boutons d'action sont également conçus pour être pressés par les pouces.

Les jeux vidéo qui requièrent rapidité et précision, comme les tireurs à la première personne (FPS) ou les jeux de combat, demandent une grande dextérité des pouces. Les joueurs développent souvent une impressionnante coordination œil-main.

Des sessions de jeu prolongées peuvent parfois entraîner des douleurs ou des crampes des pouces, connues sous le nom de « thumb fatigue » ou « gamer's thumb », ce qui a conduit à la conception de manettes ergonomiques pour réduire la tension.

Avec l'ascension du jeu sur mobile, les pouces sont souvent les principaux doigts utilisés pour interagir avec les écrans tactiles lors des jeux.

Dans le domaine compétitif des e-sports, la rapidité et la précision du pouce peuvent être déterminantes pour la victoire.

Il existe des accessoires, tels que des extensions de stick analogique ou des couvertures de boutons, conçus pour augmenter le confort et améliorer la précision des pouces pendant le jeu.

L'utilisation intensive des pouces dans les jeux vidéo a influencé la conception des jeux eux-mêmes, avec des mécanismes de contrôle et des interfaces utilisateur qui prennent en compte la facilité d'utilisation du pouce.

Les pouces sont donc essentiels pour les joueurs, leur permettant d'exécuter des actions complexes et rapides. Ils sont un lien direct entre le joueur et l'action à l'écran, et les avancées régulières dans la technologie des jeux vidéo continuent de mettre en valeur leur rôle central dans l'expérience de jeu.

Nintendonite

En 2014, des médecins de l'université de Groningue aux Pays-Bas publiaient dans le *British Medical Journal* une étude compilant les cas de blessures et autres problèmes causés par l'utilisation des consoles de jeux vidéo Nintendo.

Sur les 38 articles identifiés, les problèmes allaient du neurologique et du psychologique au chirurgical, avec des cas de blessures allant de légères à potentiellement mortelles. « Nous avons décidé de rassembler tous les cas signalés de problèmes liés à Nintendo pour voir si une Nintendo peut être offerte en toute sécurité comme cadeau de

Noël », écrivaient les scientifiques en introduction de leur étude.

Les résultats sont particulièrement croustillants.

Les problèmes liés à l'usage de la Nintendo au niveau du pouce, de la main et du poignet sont appelés « nintendinite » ou « nintendonite ». Tous les rapports soulignent qu'un jeu intense avec une manette traditionnelle peut entraîner un inconfort temporaire, le plus souvent dû à une tendinite du long extenseur du pouce, et peut être traité par le repos ou par des anti-inflammatoires non stéroïdiens.

Le premier cas remonte à 1990. La patiente était une femme de 35 ans qui souffrait d'une douleur intense au pouce droit après avoir joué cinq heures sans interruption sur sa Nintendo. Un cas similaire a été provoqué par un microtraumatisme répétitif. Un autre rapport décrit un garçon ayant développé de l'eczéma aux deux pouces après avoir joué quotidiennement sur sa Game Boy.

Après l'introduction de la console Nintendo 64 en 1997, les rapports faisant état de la nintendinite originale se sont atténués. Mais avec les nouvelles manettes, de nouveaux problèmes sont apparus. La Nintendo 64 a été la première console Nintendo dotée de graphismes en trois dimensions. Sa manette comportait un joystick qui facilitait la navigation tridimensionnelle mais provoquait également une nintendinite ulcéreuse, un ulcère digital. Dans certains jeux, Mario Party en particulier, les joueurs devaient faire pivoter rapidement le joystick avec leur pouce. Et puis ils ont découvert qu'il était plus rapide de frotter le joystick avec leur paume, mais cela entraînait des ulcérations. Après avoir reçu plus de 90 plaintes, Nintendo a distribué des gants de protection à tous les propriétaires du jeu.

Au début des années 1990, deux cas d'incontinence liés à Nintendo ont été publiés. L'un d'eux a décrit un garçon ayant développé des épisodes de souillures fécales, l'autre a signalé le cas de trois garçons soudainement victimes d'énurésie diurne. Tous les enfants étaient tellement absorbés par Super Mario Bros qu'ils en oubliaient d'aller aux toilettes ! Tous les cas ont été traités avec succès en expliquant simplement qu'il fallait mettre le jeu en pause... L'un des auteurs a suggéré en plaisantant que Nintendo devrait développer un capteur humide afin d'interrompre automatiquement le jeu si le joueur perdait le contrôle de sa vessie...

Des cas d'« épilepsie Nintendo » de « cou Nintendo », de « coude Nintendo » ou d'« hallucinations Nintendo » ont également été compilés.

En 2006, Nintendo a présenté la Wii, une console dotée d'une manette (télécommande) qui détecte le mouvement, la vitesse et la position du joueur. Dans son jeu le plus populaire, Wii Sports, les joueurs utilisent leurs télécommandes Wii pour pratiquer des sports comme le tennis et la boxe, ce qui a entraîné de nouveaux types de blessures, pour la plupart traumatiques. Comme pour la nintendinite, le terme « wiiite » est utilisé pour désigner diverses blessures. La première liée à la Wii, surnommée « wiiitis », a été observée chez un homme de 29 ans qui souffrait d'une tendinite aiguë du muscle sousépineux droit après avoir joué à Wii Sports pendant plusieurs heures.

Les blessures liées à la Wii peuvent aussi mettre la vie en danger. Une femme de 55 ans a subi un hémothorax massif après être tombée sur son canapé alors qu'elle jouait au tennis sur sa Wii. Deux patients ont été admis pour un accident vasculaire cérébral ischémique en raison d'une dissection de l'artère carotide interne après avoir joué à la Wii.

Depuis ces différents accidents, Nintendo avertit les joueurs avec des messages les incitant à faire des pauses.

« Dans l'ensemble, une Nintendo est un cadeau de Noël relativement sûr. Cependant, ceux qui reçoivent un tel cadeau ne doivent pas balancer la manette trop fort, ils doivent faire attention à l'endroit où ils jouent et prendre des pauses fréquentes », écrivaient en conclusion les auteurs de l'étude.

Un marathon vidéo qui tourne mal.
En juin 2015, la revue *JAMA* mentionnait le cas d'une rupture complète du long extenseur du pouce liée à l'utilisation excessive, voire compulsive, de smartphone chez un homme de 29 ans.

Ce jeune homme, racontent les chercheurs, s'est présenté avec une douleur chronique au pouce gauche et une perte de mouvement actif après avoir joué au jeu vidéo de puzzle Match-3 sur son smartphone toute la journée pendant 6 à 8 semaines. Le diagnostic clinique a montré une rupture du tendon du long extenseur du pouce gauche. Le patient a subi une intervention chirurgicale avec un transfert du tendon de l'extenseur de l'indice proprius (l'un des deux tendons qui prolongent l'index) vers le tendon du long extenseur du pouce.

En conclusion, les chercheurs ayant présenté le cas de ce jeune homme s'interrogeaient sur le potentiel des jeux vidéo à réduire la perception de la douleur, ce qui a soulevé des considérations cliniques et sociales concernant la consommation excessive, l'abus et la dépendance. « Les recherches futures devraient déterminer si la réduction de la douleur est une raison pour laquelle certaines personnes jouent excessivement aux jeux vidéo, manifestent une dépendance ou subissent des blessures associées aux jeux vidéo. »

Les douleurs au pouce à l'ère des textos

Au début des années 2000, il existait peu de données empiriques sur les risques sanitaires associés à l'utilisation du pouce pour l'envoi de SMS, même si les experts de la santé sur plusieurs continents affirmaient avoir constaté une augmentation constante des plaintes concernant les douleurs aux pouces parmi les utilisateurs des SMS.

En 2004, un article du *Sarasota Herald-Tribune* s'intéressait au sujet.

À cette époque, qui fait figure de Préhistoire avec l'utilisation de la messagerie texte sur les BlackBerry (l'iPhone n'arrivera qu'en 2007), certains professionnels en ergonomie et thérapeutes de la main s'inquiètent pour la santé des pouces américains. Selon ces professionnels, les petits claviers portables pourraient avoir des conséquences douloureuses pour un doigt qui n'a guère été conçu pour de telles tâches.

L'article évoque le pouce qui, tout au long de l'histoire de l'humanité, a été essentiel pour la saisie des objets et qui a pris une nouvelle importance comme outil de communication pour des millions, voire des milliards, d'expéditeurs de SMS à travers le monde.

« Le pouce n'est pas un doigt particulièrement adroit », déclarait Alan Hedge, professeur d'ergonomie à l'Université Cornell. « Il est vraiment conçu pour être utilisé en opposition avec les doigts mais pas pour introduire des informations dans un système. Les personnes qui utilisent beaucoup leurs pouces pour ce genre de tâches risquent sûrement de développer des pathologies douloureuses. »

L'article du *Sarasota Herald-Tribune* donnait l'exemple de l'association des chiropracteurs d'Australie, qui parrainait un « National Day of Safe Text » (Journée nationale du texto sans danger) au cours de laquelle les participants portaient des bandages sur leurs pouces et pratiquaient des exercices visant à prévenir les blessures et les maladies. « Nous le constatons avec les joueurs depuis des années », déclarait Marvin Dainoff, directeur du Centre de recherche ergonomique de l'Université de Miami dans l'Ohio, en faisant référence aux tendinites connues sous le nom de « pouce Nintendo ».

Ce spécialiste s'inquiétait du fait que le pouce était bon pour saisir, mais pas pour faire des mouvements répétitifs. « Il a sa propre vie et il y aura des conséquences pour les gens », déclarait-il.

Vingt ans plus tard, que sait-on des pathologies liées à l'utilisation intensive du pouce ? Autrefois l'apanage des employés d'usine ou des sportifs, les lésions ou douleurs causées par des mouvements répétitifs du pouce seraient plus courantes chez les personnes écrivant beaucoup de SMS. L'utilisation intensive des textos peut en effet entraîner des problèmes musculo-squelettiques, comme de la fatigue, des douleurs et même des blessures, en raison des efforts musculaires prolongés et des mouvements répétitifs. Et les articulations les plus souvent touchées sont celles du cou et des pouces. Le cou en raison de la tête souvent penchée vers l'avant et les pouces en raison de leur sollicitation qui peut être intensive selon le nombre d'heures passées sur les écrans tactiles. Pendant l'écriture de SMS, les pouces doivent en effet à la fois tenir l'appareil et taper sur l'écran, ce qui peut provoquer des irritations du nerf médian et une perte de force des mains et des pouces.

Trois facteurs sont donc à considérer, selon les scientifiques : la fréquence, la durée et l'intensité de l'activité. Répéter le même mouvement pendant plusieurs heures peut causer des problèmes. Pour prévenir ces soucis, il est préférable de donner des pauses à ses pouces et d'éviter d'envoyer des SMS pendant plusieurs heures consécutives. La tendinite, bien que courante, peut souvent être résolue avec du repos.

Scroller

Dans le même ordre d'idée, le « scroll » au pouce, ce geste qui consiste à faire défiler les écrans des smartphones et des tablettes, est devenu si courant qu'il a aussi engendré le « scroller thumb », ce microtraumatisme répété engendrant une inflammation des tendons après des heures passées à solliciter notre pouce opposable.

Une étude réalisée en 2021 par l'agence Marketing Ilk affirmait qu'en scrollant sur l'écran de nos téléphones, nous faisions parcourir chaque année à notre pouce 83 km, soit l'équivalent de deux marathons !

L'étude menée s'est basée sur le fait que les utilisateurs passent environ 49 minutes par jour à scroller sur l'écran de leur smartphone.

CHAPITRE 13

Un pouce dans le cerveau

C'est une iconographie médicale qui a fait le tour du monde et dont on ne compte plus le nombre de reproductions. Elle représente le profil d'un bonhomme doté d'une grosse tête très étrange sur laquelle on peut voir un pouce et des lèvres énormes ainsi que de toutes petites jambes. Cette curiosité est l'homoncule du neurochirurgien canadien Wilder Penfield

(1891-1976). *Homonculus* signifie « petit homme » en latin.

Cette image déformée offre une représentation schématique de l'organisation du cortex sensorimoteur, cette région du cerveau que nous avons entre les oreilles (lobe frontal). Il faut imaginer un serre-tête placé à peu près au milieu du crâne. De ce serre-tête partent les deux autoroutes principales qui relient le cerveau aux muscles : l'une descendante, en avant, envoie les commandes motrices ; l'autre montante, en arrière, transporte les flux sensoriels générés par le mouvement, le toucher, etc. Sur ce serre-tête, l'homoncule a la tête en bas, les pieds en haut et la main au milieu. La déformation, évidemment, n'est pas aléatoire : plus un segment est fonctionnellement important, plus les actions qu'il sous-tend sont précises et plus sa représentation cérébrale est large.

C'est en opérant, entre 1928 et 1937, des dizaines de patients souffrant d'épilepsie et de tumeurs cérébrales à l'Institut neurologique de Montréal que Penfield a eu l'idée d'utiliser une électrode pour stimuler différentes parties du cerveau des sujets, opérés éveillés. Le but pour le chirurgien était d'identifier les régions responsables des crises épileptiques pour les retirer ensuite de façon chirurgicale. Son ambition était aussi de pouvoir « explorer le cerveau et l'esprit à des fins d'amélioration de la vie humaine ». La technique, toujours d'actualité (même si elle a été affinée depuis Penfield), consiste à ouvrir le scalp sous anesthésie locale et à envoyer

– 170 –

un petit courant électrique pour stimuler localement les neurones. Dans le cortex moteur, cela déclenche des mouvements ; dans le cortex sensoriel, cela produit des sensations (picotements, chaleur, etc.) ; dans les régions du langage, cela bloque la production verbale. Cette approche permet de délimiter précisément les zones appelées « éloquentes » du cerveau et ainsi de maximiser la résection des tissus épileptiques (ou tumoraux), en limitant les risques de déficits post-opératoires.

En 1937, Penfield et son étudiant Edwin Boldrey publient dans la revue *Brain* un article qui rassemble les résultats obtenus sur 163 patients. L'étude est illustrée de photos, de coupes et d'un premier homoncule sensorimoteur. Une seconde image publiée en 1950 dans un ouvrage de synthèse, fera la popularité du modèle en permettant de visualiser sur la surface corticale de chaque hémisphère l'organisation de deux homoncules symétriques, l'un moteur (à l'avant du serre-tête), l'autre sensitif (à l'arrière).

Lors de ces expériences, Penfield découvre que la stimulation de certaines régions du cortex provoque des réponses très spécifiques : sensations, mouvements localisés, blocage de la parole, illusion d'avoir bougé, etc. Cette découverte lui permet de réaliser une carte des zones du cortex qui sont à l'origine du déclenchement des mouvements des différents doigts, de la main, de la bouche, des mouvements de vocalisation, mais aussi des sensations comme des picotements dans les doigts. Grâce à ces stimulations, Penfield peut ainsi imaginer une représentation interne du corps dans le cerveau. On parle de somatotopie : à chaque espace corporel correspond un espace cortical.

Avant Penfield, le premier modèle de carte cérébrale avait été imaginé par l'Allemand Korbinian Brodmann en 1909. Ce neurologue détermine à l'époque 52 aires du cortex («aires de Brodmann») en démontrant que la surface cérébrale n'est pas homogène et que sa structure varie d'une région à l'autre (cytoarchitectonie). Le cortex moteur de Penfield, par exemple, contient beaucoup de grosses cellules dites «pyramidales» qui se projettent sur les muscles. Cette cartographie est d'ailleurs encore utilisée de nos jours, même si elle a été largement précisée et que nombre de grandes aires de Brodmann ont été subdivisées.

L'homoncule de Penfield a marqué les esprits en raison de sa saillance visuelle et de ses proportions exagérées. Certaines zones identifiées, plus sensibles ou ayant une plus grande dextérité, comme les mains ou le visage, semblent disproportionnément grandes par rapport à des zones fonctionnellement moins raffinées, comme le tronc ou les jambes.

Le travail le plus précis de Penfield concerne les régions motrices des mains. Si le pouce occupe une place prépondérante dans cet homoncule par rapport à sa taille physique réelle, c'est parce qu'il est unique. Qu'il manque un doigt est sans grande importance. La main reste «valide». Enlevez le pouce et elle devient inutile, car c'est ce segment et lui seul qui ferme la pince en s'opposant aux autres doigts. Le pouce sous-tend des habiletés extrêmement fines et variées. Pouvoir contrôler précisément les contractions musculaires et avoir un retour précis des sensations générées par le geste est essentiel pour les fonctions motrices complexes impliquant ce segment, en particulier l'écriture ou la préhension. Sans surprise, le bout du pouce est riche en terminaisons nerveuses, ce qui le rend particulièrement sensible au toucher et permet, par exemple, de s'adapter très vite lorsqu'on a mal apprécié la rugosité d'une surface ou le poids d'un objet que l'on vient de saisir et qui commence à glisser.

Même s'il reste aujourd'hui une icône très souvent citée, l'homoncule de Penfield a beaucoup vieilli et n'a plus de réelle valeur scientifique. Ses détracteurs trouvaient d'ailleurs que cette représentation simplifiait à outrance la finesse de l'organisation cérébrale. De l'aveu même de Penfield, son homoncule était un aide-mémoire sans prétention scientifique. Son intérêt reste néanmoins d'avoir démontré le lien direct entre des fonctions motrices et sensorielles et des zones précises du cerveau, et de mieux comprendre le cerveau humain ainsi que ses fonctions. Penfield est l'un des pères fondateurs de la théorie fondamentale dite des « localisations cérébrales ». De son vivant, il a été nommé « le plus grand des Canadiens ».

> Cartographier intégralement le cerveau humain reste encore aujourd'hui une entreprise ambitieuse et compliquée.

En 2013 était lancé le « Human Brain Project » (HBP), une initiative pharaonique soutenue par l'Union européenne et qui a permis de créer un atlas détaillé du cerveau humain, bénéfique pour la médecine et la technologie. Dix ans et quelques grosses crises de gouvernance plus tard, le projet arrivait à son terme. À l'heure du bilan, les avis étaient plutôt contrastés, malgré les 600 millions d'euros investis pour modéliser intégralement le cerveau par ordinateur. Le programme n'a, semble-t-il, pas tenu toutes ses promesses de départ. Mais il a cependant permis de mieux cibler le traitement chirurgical de l'épilepsie, de déboucher sur un dispositif visant à rendre partiellement la vue aux personnes non voyantes ou d'évaluer avec précision le niveau de conscience des patients dans le coma.

La bouche et le pouce

Même si l'on peut observer au sein du cortex moteur « la région de la main », il est important de préciser qu'il n'existe pas d'aire dédiée isolément à chaque doigt, comme l'avait proposé Penfield. La région de la main englobe le pouce et les autres doigts. Cette zone est étendue et se mélange avec celle du bras et de l'avant-bras. « Du point de vue évolutif c'est très malin, précise le chercheur en neurosciences cognitives Michel Desmurget, car cette région est organisée pour optimiser le rendu fonctionnel de la main en minimisant la longueur des connexions. C'est du "circuit court" entre les muscles. Une organisation apparemment peu ordonnée mais qui facilite grandement la flexibilité et l'agilité des coordinations manuelles. »

Même si des techniques de neuro-imagerie permettent d'étudier l'organisation du cortex cérébral, celles-ci ne sont pas encore assez précises et robustes (notamment lorsqu'elles reposent sur un sujet unique) pour assurer un guidage optimal de l'acte chirurgical. La stimulation corticale directe développée par Penfield reste donc largement utilisée, en particulier pour les chirurgies réalisées dans les régions sensorimotrices ou langagières. Avant d'opérer, le chirurgien établit une sorte de carte du cerveau en repérant les aires qui déclenchent des mouvements, produisent des sensations ou perturbent une fonction (on demande alors au patient de parler ou de bouger les doigts et l'on regarde si la stimulation entraîne une perturbation de l'action). Mais toutes les informations sensorielles ne sont pas consciemment ressenties. D'autres techniques d'enregistrement sont donc aussi utilisées pour repérer les zones sensorielles « inconscientes ». On pose une grille de petits capteurs sur le cerveau et on mobilise certains segments (par exemple le pouce) en les faisant bouger ou en envoyant un courant électrique dans les muscles afin de provoquer leur contraction. Cela permet d'identifier les régions corticales qui « récupèrent » le signal sensoriel produit par ces mouvements.

Toutes les études, d'imagerie ou de chirurgie, confirment que le pouce occupe beaucoup de place par rapport aux autres doigts. Chez le commun des mortels, la « représentation » du pouce dans le cortex moteur et le cortex sensoriel est donc assez étendue, ce qui peut sembler logique puisqu'il nous sert pour la plupart de nos activités manuelles (c'est moins vrai par exemple chez les violonistes ou les guitaristes, qui utilisent davantage leurs autres doigts mais ne pourraient jouer si le pouce n'assurait pas sa fonction antagoniste de stabilisation).

Ce que montrent ces stimulations du cerveau, c'est que le pouce réagit rarement seul. Il est non seulement couplé avec les autres doigts de la main mais aussi avec d'autres structures, comme la bouche. Si l'on stimule certaines régions du cortex moteur, on observe des mouvements cordonnés des doigts qui se ferment en venant vers la bouche. De même, on peut remarquer que certains sites déclenchent des mouvements des doigts quand on les stimule, tout en recevant des informations sensorielles en provenance de la bouche. Cette complémentarité offre un mécanisme d'exploration oro-faciale capable de réguler les mouvements de la main en fonction des sensations des lèvres. « C'est assez fascinant, explique Michel Desmurget, car avec le développement ces dernières années des échographies fœtales, on trouve des mouvements très représentés, comme les mouvements de la main vers la bouche ou de succion du pouce. Ce sont des comportements très fins et coordonnées qui entraînent la question suivante : est-ce que c'est quelque chose qui se met en place et qui se mobilise pendant le développement embryonnaire ou est-ce que cela émerge à l'état fœtal parce que

– 176 –

c'est déjà en partie pré-câblé ? Sans doute les deux à la fois. »

Le pouce est donc couplé avec les autres doigts, mais également avec tout ce qui est oro-facial, autrement dit ce qui concerne à la fois la bouche (du latin *os, oris* signifiant bouche) et le visage. Selon Michel Desmurget, « le fœtus dans le ventre de sa mère ne peut pas faire grand-chose et lorsqu'un jour son pouce rencontre sa bouche, cela doit être assez agréable pour lui et il va répéter cette expérience obtenue "au hasard" pour la stabiliser. Son pouce rencontre sa bouche, il va le sucer et puis il va recommencer plusieurs fois le même mouvement. Au niveau moteur, le bébé est très limité. Il va mettre beaucoup de temps à se développer et le seul comportement moteur qui est déjà de haut niveau et précocement stabilisé est l'exploration péri-orale. Un bébé qui suce son pouce ou porte des objets à sa bouche, ça a l'air tout simple et facile. Mais en fait on ne se rend pas compte du problème que cela pose pour le système moteur qui doit maintenir le pouce ou l'objet au bon endroit. Le bébé ne sait pas maintenir facilement une posture de la main ou du bras, et ce n'est pas parce qu'il se sert de son pouce avec sa bouche qu'il le maintient vraiment (il ne mord pas dedans pour l'empêcher de bouger !). Il y a déjà un mécanisme de stabilisation posturale qui est en jeu à ce moment-là. C'est un comportement qu'il arrive à adopter pour cette activité mais pas pour les autres. La stabilisation posturale arrive plus tardivement. »

Smartphone, pouces et cerveau

Depuis l'avènement des téléphones intelligents, notre pouce ne travaille plus de la même manière avec le cerveau. Grâce à l'omniprésence des smartphones dans notre quotidien, les chercheurs peuvent aussi étudier la plasticité du cerveau, c'est-à-dire sa capacité à s'adapter et à se modifier en fonction de nouvelles expériences.

Une étude menée conjointement par l'Université de Fribourg et l'École polytechnique fédérale de Zurich en 2015 et publiée dans la revue *Current Biology* s'intéressait à la population générale pour montrer comment nos habitudes quotidiennes, comme l'utilisation du smartphone, façonnent notre cerveau. De la même manière que la maîtrise d'un instrument musical, en l'occurrence le violon, peut remodeler notre cerveau, l'utilisation fréquente de nos pouces pour taper des SMS semble également laisser une empreinte sur notre carte motrice.

En utilisant l'électroencéphalographie (EEG), les chercheurs ont étudié les cerveaux de 26 individus utilisant intensivement leurs smartphones, en les comparant à 11 utilisateurs de téléphones à touches. Pour cela, 62 électrodes ont été fixées sur la tête des participants, afin de mesurer leur activité cérébrale en réponse à des stimulations tactiles sur le pouce, l'index et le majeur pendant l'écriture de SMS.

Ce qui a surpris les chercheurs, c'est l'ampleur des changements d'activité cérébrale. Grâce au « smartphone log », qui archive l'utilisation du téléphone via la consommation de la batterie, ils ont pu corréler cette activité cérébrale avec l'utilisation réelle du téléphone. Ils ont observé que cette activité se traduisait par une représentation accrue du pouce dans le cortex chez les utilisateurs de smartphones par rapport à ceux ayant des téléphones ancienne génération sans écran tactile. Plus intéressant encore, l'intensité de cette activité cérébrale était directement proportionnelle à la fréquence d'utilisation du téléphone. Cette étude suggère que les mouvements répétés sur nos écrans tactiles modifient le traitement des informations sensorielles de la main par le cerveau. En effet, la représentation corticale de l'extrémité des doigts est mise à jour progressivement en fonction de l'utilisation du smartphone.

« Nos habitudes technologiques, concluaient les scientifiques, ont donc un impact profond et continu sur le fonctionnement de notre cerveau, et posent la question des autres influences possibles des technologies digitales sur le traitement cérébral de l'information. »

CHAPITRE 14

La tribu du pouce

Au début des années 2000, l'envoi de SMS en était encore à ses balbutiements. La principale référence du pouce dans le domaine de la communication était le « like » qui permettait de signaler l'approbation ou la désapprobation en pointant le pouce vers le haut ou vers le bas. Mais au Japon, l'engouement avait déjà commencé dès la fin des années 90 avec les millions de membres de la *oyayubi-zoku*, la « tribu du pouce » qui comptait parmi les plus grands experts en SMS du monde. Le terme a été utilisé pour identifier la « jeune génération de textos japonais ».

Une étude menée à l'époque pour le géant de la téléphonie mobile Motorola montrait que nulle part ailleurs dans le monde l'utilisation du pouce n'était poussée aussi loin. Le rapport révèle que les Japonais ont commencé à solliciter leurs pouces pour taper des textos et interagir avec les premiers téléphones mobiles équipés de fonctions de messagerie, alors qu'ils ne servaient auparavant qu'à « pointer des objets ou sonner à la porte ». Les jeunes Japonais ont rapidement compris que leurs pouces étaient beaucoup plus efficaces pour taper frénétiquement sur les petits claviers des téléphones de l'époque. Les jeunes gens utilisaient également leur *keitai* ou « téléphone portable » pour télécharger de la musique, surfer sur le Web, vérifier les horaires des trains, etc., tout cela avec le pouce.

L'expression « tribu du pouce » s'est ensuite étendue en raison de l'omniprésence des smartphones mais aussi de la manière dont les gens, en particulier les jeunes, utilisaient leurs pouces pour naviguer sur Internet, jouer à des jeux et effectuer d'autres tâches sur leurs appareils.

La « tribu du pouce » souligne aussi à quel point les habitudes et les comportements technologiques ont évolué en peu de temps.

En 2006 Pascal Lardellier, chercheur dans les sciences de l'information et de la communication, publiait *Le Pouce et la souris*, un livre dans lequel il explorait les enjeux et les conséquences des nouvelles formes de communication numérique en se penchant sur les habitudes des adolescents. Il mettait en lumière la fracture générationnelle entre ceux qui surfaient à l'époque sur les nouveaux moyens de communication en utilisant frénétiquement le pouce (pour le mobile) et la souris (pour Internet), et les autres.

Une véritable rupture technologique et comportementale, décrite comme une « reconfiguration du quotidien » avec les heures passées à « chatter », écrire sur un blog, composer des SMS ou consulter le Web.

Aujourd'hui, les membres de la tribu du pouce sont aussi souvent présentés comme plus habiles à envoyer des SMS en utilisant leurs pouces qu'à parler au téléphone. L'âge d'or de l'index est donc bel et bien révolu.

Record de vitesse

Selon la génération à laquelle on appartient, on n'utilise pas les mêmes doigts pour taper des textos sur son smartphone. Je ne compte plus le nombre de fois où j'ai fait l'objet de railleries de la part de mes neveux en utilisant mon index pour écrire des SMS ! Facile de se moquer lorsqu'on a grandi avec les écrans tactiles et que l'on utilise sans difficulté ses deux pouces pour taper sur un écran ! En 2019, des chercheurs de l'Université Aalto (Finlande), de l'Université de Cambridge (Royaume-

Uni) et de l'ETH Zurich (Suisse) ont analysé, grâce à un test en ligne, la vitesse d'écriture de 37 000 volontaires de 160 pays sur smartphone et sur ordinateur. Avec le consentement des participants, ils ont enregistré les frappes qu'ils ont effectuées lors de la transcription d'un ensemble de phrases données. Ils ont ainsi pu évaluer leur vitesse, mais aussi leurs erreurs et d'autres facteurs liés à leur comportement de frappe sur les appareils mobiles.

Le premier constat montre que le fossé entre clavier virtuel sur téléphone et clavier physique d'ordinateur se réduit clairement.

Anna Feit, chercheur à l'ETH Zurich et l'une des coauteurs de cette étude, a constaté que les utilisateurs qui tapaient avec leurs deux pouces atteignaient en moyenne 38 mots par minute, ce qui est seulement 25 % plus lent environ que les vitesses de frappe observées dans une étude similaire à grande échelle sur des claviers physiques.

Les chercheurs ont également voulu savoir si les meilleures performances étaient atteintes lorsque les volontaires utilisaient un seul doigt ou deux pouces pour taper. Verdict : plus de 74 % des personnes tapant avec leurs deux pouces enregistraient une augmentation significative de leur vitesse d'écriture.

Et sans surprise, ce sont les jeunes utilisant massivement les deux pouces qui tapent plus vite que leurs aînés. Les 10-19 ans ont la frappe la plus rapide puisqu'ils peuvent attendre 39,6 mots par minute, suivis de près par la génération des 20 ans (36 mots) contre 32 mots pour les trentenaires.

Arrivent ensuite les quadragénaires avec 28 mots par minute et les quinquagénaires avec 26.

Les jeunes âgés de 10 à 19 ans ont donc environ 10 mots par minute d'avance sur les personnes dans la quarantaine. La conclusion est sans appel : plus on est vieux, moins on tape vite sur un smartphone.

Mais l'utilisation des deux pouces chez les plus jeunes n'explique pas tout. Il faut aussi prendre en compte le fait qu'« ils sont nés avec » les écrans tactiles et qu'ils les utilisent beaucoup plus que les autres.

Les participants les plus rapides ont déclaré passer en moyenne six heures par jour sur leurs appareils mobiles !

Pour aller plus vite dans la rédaction des messages, les chercheurs préconisent donc de privilégier ses deux pouces. Toutes les autres méthodes de saisie sont plus lentes, que ce soit avec un seul pouce, son ou ses deux index. Il est également conseillé d'activer l'auto-correction plutôt que la prédiction des mots pour aller plus vite.

La vitesse la plus rapide observée par les chercheurs sur un smartphone était celle d'un utilisateur qui parvenait au taux remarquable de 85 mots par minute !

CHAPITRE 15

Like a pouce

Du bouton *j'aime* au pouce

Dans les vastes étendues du cyberespace, une petite révolution silencieuse a vu le jour à la fin des années 2000. Elle prendra la forme d'un pouce levé, symbolisant l'approbation et la validation. Elle sera connue sous le nom de « like », symbole de toute une génération que des millions de personnes utilisent chaque jour.

Tout a commencé avec FriendFeed, un réseau social créé en 2007 par quatre anciens employés de Google. FriendFeed permettait à un internaute de regrouper les contenus de ses réseaux sociaux (Facebook, Twitter, Flickr et bien d'autres) sur une page unique.

Le 30 octobre 2007, FriendFeed implantait pour la première fois le bouton « j'aime ».

Dans un fil de discussion relayé sur la plateforme Quora, l'ingénieur de Facebook Andrew Bosworth retrace l'histoire de ce bouton. Selon Bosworth, la fonctionnalité « j'aime » aurait déjà été proposée en interne chez Facebook le 22 août 2007, mais elle aurait reçu une réponse peu enthousiaste de la part de Mark Zuckerberg. C'est donc FriendFeed qui lancera le premier son « like » avec une icône représentant simplement le mot « like ». À l'époque, FriendFeed est très apprécié des geeks américains mais ne parvient pas à toucher une audience très large. Le réseau social est racheté en 2009 par Facebook et cesse définitivement de fonctionner en 2015.

Selon des témoignages d'anciens collaborateurs de Facebook, la firme devait lancer son bouton « j'aime » le 12 novembre 2007, mais Mark Zuckerberg n'est toujours pas convaincu par le projet. Il craint en effet que les utilisateurs ne se contentent d'aimer les contenus sans les partager. En interne, le projet est même qualifié de « maudit ».

Mais quelques jours plus tard, raconte Andrew Bosworth, la fonctionnalité apparaît par erreur sur

Facebook, ce qui permet à certains utilisateurs et médias de commencer à en parler. Facebook finit par l'intégrer dans des expériences à petite échelle, mais ces expériences sont privées et le « like » apposé sur un « post » n'est pas visible pour les autres utilisateurs. Si vous cliquez sur « j'aime », personne ne sait que vous l'avez fait.

Andrew Bosworth finit par arrêter le développement du « like » dans le fil d'actualité. Après plusieurs tests tout au long de 2008, le projet patine et se heurte toujours aux critiques de Zuckerberg.

Le patron de Facebook est finalement convaincu lorsque ses équipes lui prouvent que le bouton « j'aime » ne réduit pas l'engagement des utilisateurs, mais qu'au contraire il augmente le nombre de commentaires. Cela accélère l'intégration de ce bouton, qui sera officiellement lancé le 9 février 2009 par Facebook. Dans les discussions initiales, le bouton ne s'appelait d'ailleurs pas « j'aime » mais « génial ».

Bret Taylor, l'un des fondateurs de la plateforme, raconte que pendant la période des essais précédant le lancement c'est le symbole du cœur qui a été utilisé pour liker. Mais une employée a déclaré qu'elle arrêterait de travailler si elle devait regarder des pages de cœur toute la journée. C'est ensuite le smiley qui a été choisi, avant que Facebook n'adopte la fonctionnalité avec le pouce lors du lancement officiel en 2009.

Avant 2009, Facebook disposait d'une fonction « become a fan » sur les pages de ses utilisateurs. Mais l'équipe de Facebook, toujours en quête de moyens d'améliorer l'engagement et la facilité d'utilisation, a ressenti le besoin de simplifier et d'universaliser cette action. En remplaçant « become a fan » par un simple bouton « like », Facebook a offert à ses utilisateurs une manière plus intuitive et moins engageante d'exprimer leur appréciation pour un contenu.

Pour le logo, les équipes hésitaient entre une étoile, un signe « plus » et un pouce. Le symbole du pouce en l'air inquiétait les équipes en raison de son sens très péjoratif dans certains pays. Mais c'est quand même le pouce levé avec la main fermée qui va l'emporter.

Pour présenter son bouton « j'aime », Facebook publie une alerte qui apparaît sur les pages Facebook des utilisateurs et les dirige vers une section FAQ contenant des informations sur la nouvelle fonctionnalité. Facebook y explique les raisons qui l'ont amené à supprimer le bouton « devenir fan » pour le remplacer par « j'aime : » « Pour améliorer votre expérience et promouvoir la cohérence sur l'ensemble du site, écrit Facebook, nous avons modifié la langue des pages de "fan" à "j'aime". Nous pensons que ce changement vous offre un moyen plus léger et plus standard de vous connecter avec des personnes, des choses et des sujets qui vous intéressent. »

Ce nouveau bouton « j'aime » doit aider les utilisateurs à se connecter aux pages communautaires que Facebook introduit.

— 188 —

« Aimer » une page Facebook n'est pas la même chose qu' « aimer » un lien, une vidéo ou une mise à jour de statut publiée par un ami.

« Aimer » une page, explique Facebook, signifie que l'on se connecte à cette page, ce qui la fait apparaître dans le profil de l'utilisateur qui apparaît à son tour sur la page en tant que personne qui aime cette page. « D'un autre côté, lorsque vous cliquez sur "j'aime" sur un contenu publié par un ami, vous faites simplement savoir à votre ami que vous l'aimez sans laisser de commentaire. »

Le bouton « like » est rapidement devenu un élément central de l'expérience Facebook, permettant d'exprimer une approbation immédiate. Il est utilisé de façon compulsive et le succès de ce pouce levé est tel que son influence s'est étendue bien au-delà des frontières du réseau social. Il a aussi et surtout permis à Facebook de conserver une trace des liens des utilisateurs, fournissant ainsi à l'entreprise toujours plus de données sur les préférences des gens. Aimer une publication devient une valeur marchande répondant au modèle économique de Facebook, qui repose sur la publicité.

D'autres plateformes, voyant dans ce pouce levé un moyen universel d'exprimer rapidement des émotions positives, ont commencé à adopter des boutons d'approbation similaires. Le bouton « like » est devenu un baromètre de popularité, influençant le contenu que les gens choisissaient de partager et la façon d'interagir en ligne. « Ce petit bouton innocent est l'un des

– 189 –

éléments de design les plus consultés jamais créés. Ça fait beaucoup de pression pour un petit bouton, et pour le designer », racontait en 2014 Margaret Gould Stewart, responsable de l'expérience utilisateurs chez Facebook, lors d'une conférence TEDx.

En 2010, YouTube, qui est en pleine refonte de son service, remplace les étoiles par des boutons « j'aime » et « je n'aime pas ».

Sur Instagram, la fonctionnalité « j'aime » est également une caractéristique fondamentale depuis sa création en octobre 2010. Depuis le début, les utilisateurs peuvent « aimer » des photos en pressant sur un cœur qui devient rouge, pour indiquer que la publication a été aimée. D'innombrables autres applications et sites web ont emboîté le pas.

Aujourd'hui, le bouton « j'aime » de Facebook a beaucoup évolué. Il invite toujours les utilisateurs à simplement attribuer un « j'aime », mais il propose une version augmentée pour adorer, exprimer son étonnement, sa tristesse ou sa colère.

La société du like

Sous forme de pouce ou de cœur, l'impact et l'influence écrasante de cette fonctionnalité se sont rapidement traduits par une course effrénée aux « j'aime » sur les réseaux sociaux.

Cette folie du « like » a d'ailleurs fait l'objet en octobre 2016, sur Netflix, du premier épisode de la troisième saison de *Black Mirror*. Intitulé « Nosedive » (Chute libre), il décrit les dangers d'une société dans laquelle la validation sociale numérique par des notes supplante les interactions humaines authentiques.

L'histoire du « like » et de son pouce n'est donc pas seulement celle d'un succès retentissant. Elle soulève également des questions concernant l'influence des médias sociaux sur notre perception de la validation sociale, sur notre désir d'approbation et sur la manière dont nous mesurons le succès et la valeur dans le monde numérique.

Ce simple symbole du pouce qui like a profondément transformé la façon dont nous interagissons en ligne, au point que les propres employés de Google, Twitter et Facebook, qui ont contribué à rendre cette technologie si addictive, ont sonné l'alarme et se sont même, pour certains, déconnectés d'Internet.

Un likeur repenti

Justin Rosenstein, ancien développeur chez Facebook, plaidait en 2017 pour une désintoxication des réseaux sociaux.

Particulièrement conscient de l'attrait des « j'aime » sur Facebook, Rosenstein décrit le bouton comme des « sons brillants de pseudo-plaisir » qui peuvent être aussi creux que séduisants. Et l'ingénieur sait de quoi il parle puisque c'est lui qui a créé le bouton « j'aime » après avoir passé ses nuits à coder le prototype dès 2007.

Selon Rosenstein, la fonctionnalité « j'aime » de Facebook a connu un succès « fou » : « L'engagement a grimpé à mesure que les gens appréciaient le coup

— 191 —

de pouce à court terme qu'ils recevaient en donnant ou en recevant une approbation sociale, tandis que Facebook récoltait des données précieuses sur les préférences des utilisateurs qui pouvaient être vendues aux annonceurs. »

Justin Rosenstein, qui a également contribué à la création de Gchat lors de son passage chez Google et qui dirigeait en 2017 une entreprise basée à San Francisco pour améliorer la productivité au bureau, semblait très préoccupé par les effets psychologiques sur les personnes qui, selon des recherches, touchent, scrollent ou tapent sur leur téléphone en moyenne 2 617 fois par jour.

Ironie de l'histoire, ces jeunes technologues fortunés qui se détournent de leurs propres produits envoient leurs enfants dans des écoles d'élite de la Silicon Valley où les iPhone, les iPad et même les ordinateurs portables sont interdits.

Faire disparaître les likes

En 2019, Facebook lançait un test en Australie visant à cacher le nombre de « likes » sur les publications. Cette expérimentation était une réponse aux préoccupations concernant la pression sociale et les impacts sur la santé mentale liés à la quête constante de validation par les « likes ».

Concrètement, lors de cette expérimentation, les utilisateurs pouvaient toujours « aimer » une publication, mais le nombre total de « likes » n'était visible que par la personne ayant posté la publication, et non par les autres utilisateurs. Le but était de permettre à ces derniers de se concentrer davantage sur le contenu lui-même plutôt que sur sa popularité.

Facebook avait précédemment testé une initiative similaire sur sa plateforme sœur, Instagram, dans plusieurs pays, dont l'Australie, le Canada ou le Brésil. À la suite des retours positifs sur Instagram, Facebook a décidé d'étendre le test à sa plateforme principale. Ces tests ont été menés en vue d'améliorer la qualité des échanges sur le réseau social, cible de nombreuses critiques, notamment de la part de professionnels de la santé mentale, qui estiment que ce système entraîne une comparaison sociale malsaine chez les utilisateurs. En cachant le nombre de « likes », l'entreprise espérait réduire la compétition et la comparaison sociale, souvent associées à des sentiments d'insuffisance et d'anxiété chez certains utilisateurs.

Aujourd'hui, le nombre de « likes » des utilisateurs apparaît toujours sur les réseaux sociaux comme Facebook, Instagram ou X, mais il est possible de désactiver ce paramètre pour ne plus le voir s'afficher.

CHAPITRE 16

Pincer pour zoomer

C'est une date qui reste gravée à tout jamais dans l'histoire des nouvelles technologies : le 9 janvier 2007. Ce jour-là, vêtu de son éternel pull noir à col montant, de son jean et de ses baskets, le PDG d'Apple Steve Jobs présente le premier iPhone lors de la convention Macworld à San Francisco, en Californie. Le patron de la marque à la pomme qualifie son produit de « révolutionnaire et magique, qui a littéralement cinq ans d'avance sur tout autre téléphone mobile ».

Sans clavier et à un prix prohibitif, le premier smartphone d'Apple est accueilli par les moqueries du patron de Microsoft de l'époque, Steve Ballmer, qui est loin d'imaginer le raz-de-marée que va provoquer ce téléphone, mais aussi la rupture technologique qu'il va entraîner.

Au cours de cette présentation mémorable, Steve Jobs introduit l'iPhone comme « trois appareils révolutionnaires en un » : un téléphone, un iPod à écran large et un communicateur Internet.

Il présente plusieurs des nouvelles fonctionnalités de l'appareil, ainsi qu'une série de gestes multitouch novateurs. Parmi ces gestes, le « pinch » (pincement) pour zoomer et dézoomer sur les photos, les pages web et d'autres éléments de l'écran tactile multi-touch de l'iPhone. « Nous sommes tous nés avec l'outil de pointage que sont nos doigts et l'iPhone utilise l'interface la plus révolutionnaire depuis la souris », affirme Jobs. Le geste du *pinch to zoom* s'effectue avec le pouce et l'index et il a révolutionné la manière dont nous interagissons avec les appareils électroniques.

Ce geste, simple mais puissant, a rendu la navigation et la visualisation de contenus sur un petit écran bien plus aisées et naturelles.

Polémique autour du *pinch-to-zoom*

Lorsqu'il présente cette nouvelle fonctionnalité au monde entier lors de la Keynote en 2007, Steve Jobs annonce également qu'il a breveté le *pinch-to-zoom*. Mais ce brevet sera annulé en 2012, à la suite d'une série de litiges judiciaires entre Apple et Samsung.

L'idée de manipuler des objets sur un écran tactile à l'aide de gestes multi-touch précède largement l'introduction de l'iPhone et les procès avec Samsung. La recherche sur les interfaces multi-touch remonte aux années 1980. Dès 1982, des chercheurs de l'Université de Toronto imaginent le premier système multi-touch, c'est-à-dire un dispositif capable de comprendre et d'interpréter plusieurs points de contacts de façon simultanée. Ce périphérique est un simple pavé tactile (ou touchpad). Puis suivront les premiers écrans multi-touch (dispositif tactile multi-touch couplé à un diapositif d'affichage) et les premiers systèmes « bi-manual », un dispositif contrôlé par les deux mains de façon simultanée, mais indépendante.

En 1991, l'informaticien et concepteur Bill Buxton conçoit la technologie bidirectionnelle, qui consiste à confondre le dispositif de pointage tactile et le dispositif d'affichage.

En 2001, la firme japonaise Mitsubishi met au point une tablette tactile multi-utilisateurs appelée « DiamondTouch ». Le chercheur Adam Bogue, qui travaillait pour Mitsubishi, aurait même présenté les résultats de son laboratoire à Apple en 2003 en leur montrant le multi-touch du DiamondTouch, qui permettait entre autres de zoomer en posant deux doigts sur l'écran.

Les mauvaises langues affirment que c'est cette démonstration qui aurait conduit Apple à développer sa propre technologie multi-touch pour son iPhone et pour d'autres produits. Mais le geste précis « pinch-to-zoom » est le résultat de contributions de nombreux chercheurs et développeurs dans le domaine des interfaces tactiles.

Bien qu'Apple n'ait pas inventé le concept de multi-touch ou de *pinch-to-zoom*, il a été parmi les premiers à populariser et commercialiser ces gestes à l'échelle mondiale dans un produit grand public comme l'iPhone, en 2007. Après la sortie de ce smartphone, le « pinch » est devenu un standard de l'industrie, adopté par presque tous les dispositifs tactiles, qu'il s'agisse de téléphones, de tablettes ou d'ordinateurs.

À partir de 2011, Apple et Samsung sont en procès pour violation mutuelle de brevets. Cette bataille juridique a été qualifiée par Steve Jobs de « guerre thermonucléaire ».

Le litige entre les deux marques était complexe et couvrait une variété de questions de brevets, et le *pinch-to-zoom* n'était qu'un aspect de ces litiges. D'un côté, Apple reprochait au groupe sud-coréen de s'être inspiré des premiers iPhone pour développer ses smartphones de la gamme Galaxy. De l'autre, Samsung accusait la firme à la pomme d'avoir amélioré l'autonomie de ses terminaux en volant la technologie des batteries des Galaxy...

Ces batailles judiciaires ont été intentées dans de nombreux pays, et bien qu'il y ait eu des décisions variées selon les juridictions, aux États-Unis un jury a pris une décision en faveur d'Apple sur plusieurs de ses revendications de brevets, accordant à la marque plus d'un milliard de dollars en dommages et intérêts. Ce montant sera révisé par la suite à 500 millions de dollars.

En 2018, après sept ans de bataille juridique, les deux multinationales se sont finalement entendues à l'amiable en signant, sans en dévoiler les détails, un accord sur leur différend à propos de l'utilisation de brevets.

CHAPITRE 17

Robotique et éthique

Que diriez-vous d'un pouce supplémentaire à chaque main, afin d'augmenter vos capacités de préhension ? Sachez que des roboticiens l'ont déjà imaginé, même si recréer une simple main avec cinq doigts fait déjà figure d'immense défi pour la robotique en raison de la complexité et de la finesse des mouvements spécifiques à *Homo sapiens*. La main humaine, on l'a vu, est une merveille d'évolution, offrant une combinaison de force, de dextérité et de sensibilité. Le nombre de doigts jouant un rôle crucial, une main robotique devrait posséder cinq doigts pour une manipulation optimale des outils.

Un des grands défis, pour les chercheurs en biomécanique, est donc de recréer la coordination de la main en mettant au point un pouce opposable capable de travailler en harmonie avec les autres doigts pour saisir, tenir et manipuler.

Les applications potentielles d'une main robotique parfaitement fonctionnelle seraient nombreuses, allant de la prothèse médicale à l'automatisation industrielle, avec des robots capables de réaliser des tâches manuelles délicates, de jouer d'un instrument de musique, ou même de reproduire l'écriture à la main.

Malgré les avancées technologiques, les robots les plus évolués sont encore loin de rivaliser avec les capacités multifonctionnelles de la main humaine. À l'heure actuelle, les machines censées aider les seniors dans le futur peinent encore à réaliser des tâches simples comme servir un verre d'eau. Bien que certains prototypes puissent effectuer diverses saisies et manipulations, ils rencontrent encore des problèmes, comme la difficulté à maintenir un objet qui commence à glisser.

Le grand challenge est donc de pouvoir créer des machines plus flexibles pour répondre aux demandes futures, et il faudra peut-être des décennies avant d'obtenir des résultats significatifs. Pour le moment, beaucoup considèrent la main robotique comme une curiosité plutôt qu'une solution industrielle viable.

Un troisième pouce pour la route ?

Si l'évolution nous a dotés de pouces opposables très efficaces, cet avantage anatomique pourrait-il être encore amélioré en ajoutant un troisième pouce à la main humaine ?

L'idée peut sembler tirée d'un récit de science-fiction, mais à l'heure des avancées dans le domaine des prothèses et de la robotique, il est désormais possible d'envisager sérieusement cette possibilité. Les scientifiques affirment même que l'humain augmenté, avec des parties du corps robotisées, est à portée de main.

L'introduction d'un troisième pouce robotique existe déjà. Le projet « Third thumb », imaginé en 2017 par la designer Dani Clode avec une équipe d'experts en neurosciences de l'University College de Londres (UCL), en est l'illustration. À ses débuts, ce projet avait pour but de sensibiliser le public aux prothèses de membres mais aussi de mieux comprendre les réactions du corps humain face à des extensions artificielles.

Cette prothèse fabriquée grâce à l'impression en 3D se porte sur le côté opposé au pouce réel, près de l'auriculaire, et est capable d'effectuer une gamme impressionnante de mouvements conçus pour étendre les capacités naturelles du

— 201 —

porteur. Ce troisième pouce, ou « onzième doigt », est connecté à des capteurs de pression placés sous les orteils, dans les chaussures, qui reçoivent leurs instructions via Bluetooth. Il suffit donc d'exercer une pression avec son pied pour faire bouger son nouveau pouce. Dani Clode a déclaré qu'elle avait choisi la commande au pied parce qu'elle avait été inspirée par les liens étroits entre nos mains et nos pieds dans diverses actions déjà bien établies, comme conduire une voiture, utiliser une machine à coudre ou jouer du piano. Les capteurs de pression sont conçus pour donner un contrôle suffisant sur le pouce, un capteur contrôlant la flexion et l'extension, et l'autre contrôlant l'adduction et l'abduction du pouce. Les résultats se combinent pour offrir les mouvements dynamiques que l'on peut attendre d'un pouce ordinaire.

Si les technologies faciles d'accès, comme l'imprimante 3D, permettent aujourd'hui de remédier à des handicaps corporels et de « réparer les vivants », pour reprendre le titre du roman de Maylis de Kerangal, Dani Clode précise que sa prothèse n'a pas vocation à pallier une carence ou un handicap du corps humain, mais tout simplement à augmenter ses capacités pour le confort des personnes valides. « Étymologiquement, précise la chercheuse, "prothèse" signifie "ajouter", ce qui ne veut pas dire réparer ou remplacer, mais étendre. Le troisième pouce s'inspire de cette étymologie. Son but est d'explorer l'augmentation humaine et de redéfinir les prothèses comme une extension du corps. »

Les possibilités offertes par cette prothèse sont assez larges, et le premier objectif serait de réduire la pénibilité au travail et d'aider aux tâches quotidiennes. Un troisième pouce fixé sur la main pourrait permettre par exemple à des serveurs de porter plus facilement des assiettes ou d'aider les ingénieurs électriciens à effectuer des soudures. Dans la vidéo de présentation du projet, on peut découvrir plusieurs applications possibles.

Dani Clode a affirmé qu'un chirurgien s'était montré intéressé par ce dispositif qui pourrait lui permettre de tenir lui-même sa caméra pendant une opération afin « d'avoir un contrôle total des outils qu'il utilise habituellement à deux mains, plutôt que de le demander à son assistant ».

L'idée d'un troisième pouce robotisé, bien que fascinante dans ses implications pratiques, soulève de nombreuses questions éthiques. Dans un monde où le transhumanisme – l'idée de dépasser nos limitations humaines grâce à la technologie – ne cesse de gagner du terrain, le « Third Thumb Project » est une innovation qui est à la fois un symbole de progrès mais aussi une source de préoccupations et de questions sociétales.

Le cerveau reconnaît-il les pouces supplémentaires ?

Depuis que le projet « Third Thumb » existe, les scientifiques en neurosciences du Plasticity

– 203 –

Lab (University College de Londres) se sont aussi demandé quel impact pouvait avoir ce « troisième pouce » robotique sur la capacité de notre cerveau à apprendre et à s'adapter à des prothèses de remplacement. Tamar Makin, principal auteur d'une étude parue en 2021 dans la revue *Science Robotics*, voulait savoir « si le cerveau humain pouvait supporter une partie de corps supplémentaire et quelles étaient les implications sur la représentation neuronale et la fonction de la main biologique ». Selon le professeur Makin, « l'augmentation corporelle est un domaine en pleine croissance visant à étendre nos capacités physiques, mais nous ne comprenons pas clairement comment notre cerveau peut s'y adapter. En étudiant des personnes utilisant le troisième pouce intelligemment conçu de Dani, nous avons cherché à répondre à des questions clés ».

Pour cette étude, vingt participants valides ont été formés à l'utilisation d'un pouce robotique supplémentaire pendant cinq jours en laboratoire. Il leur a aussi été demandé d'emporter ce pouce supplémentaire chez eux et de l'utiliser au moins deux heures par jour dans des tâches nécessitant habituellement l'usage des deux mains mais en utilisant uniquement la main augmentée. Au cours des entraînements en laboratoire, les participants ont appris à ramasser des balles et des verres à vin ou à construire une tour avec des blocs de bois tout en résolvant un problème de mathématique ou en ayant les yeux bandés (situation en double tâche). Parallèlement, les personnes ont passé plusieurs tests d'imagerie comportementale et cérébrale (scans IRMf) afin d'observer la représentation de la main augmentée avant et après l'entraînement. Rapidement, les volontaires ont appris à maîtriser ce « corps étranger » et ont fait preuve de plus en plus de dextérité.

Les participants ont ensuite été comparés à un groupe de dix personnes témoins qui portaient une version statique du Thumb tout en suivant la même formation. La désigner Dani Clode, qui était aussi membre de l'équipe de recherche, a mis en évidence la capacité des individus à s'adapter rapidement à un « troisième pouce » robotisé. Les utilisateurs ont non seulement modifié la façon dont ils bougeaient naturellement leurs mains en présence du pouce augmenté, mais ils ont aussi ressenti que ce pouce robotisé faisait partie intégrante de leur corps.

Après cinq jours d'utilisation du troisième pouce, les résultats de l'imagerie cérébrale ont montré une modification de l'activité du cortex sensorimoteur avec un changement particulièrement notable et rapide dans les zones du cerveau responsables de la représentation de la main, ce qui signifie que la prothèse de troisième doigt a modifié la façon dont le cerveau a perçu la main et ce nouveau doigt.

Une semaine après l'arrêt de l'expérience, des scans réalisés sur certains participants ont révélé que ces modifications cérébrales commençaient à s'estomper, suggérant la possibilité d'une adaptation temporaire du cerveau en présence d'un troisième pouce. Pour les scientifiques, « des recherches supplémentaires sont néanmoins nécessaires pour déterminer si ces changements sont permanents ou non, car il pourrait y avoir des implications majeures pour la sécurité si les dispositifs d'augmentation corporelle modifiaient de façon permanente la capacité du cerveau à contrôler le corps ».

Selon Paulina Kieliba, première autrice de l'étude, « ce retour rapide à une représentation neuronale normale de la main pourrait être lié à la courte durée de l'expérience ».

D'autres questions concrètes se posent également à la suite de cette étude. D'après Paulina Kieliba, « les personnes portant des bras artificiels pendant une période prolongée, par exemple pendant qu'elles travaillent à l'usine, seraient-elles capables de se réadapter efficacement aux mouvements naturels de leur corps lorsqu'elles rentrent chez elles en voiture ? Nous devons nous assurer que ces dispositifs sont sûrs à utiliser, même après que l'utilisateur les a enlevés ». Dani Clode, elle, se demande ce qui se passerait « si nous donnions ces dispositifs à des enfants ou à des adolescents, quel serait l'impact de cette augmentation sur leurs cerveaux beaucoup plus plastiques ? Nous devons nous assurer qu'en apprenant à contrôler un dispositif d'augmentation, nous n'avons pas d'impact négatif sur les capacités motrices de la main et du corps biologiques ».

Bien que l'évolution ne nous ait pas préparés à greffer une partie supplémentaire à notre corps, le cerveau semble donc capable de s'adapter pour intégrer de nouvelles capacités. Mais ces avancées technologiques en matière d'exosquelettes et de dispositifs d'augmentation corporelle suscitent des questionnements éthiques concernant leur impact sur la plasticité cérébrale et sur la société.

Pour découvrir le projet « Troisième Pouce » :
https://www.daniclodedesign.com/thethirdthumb

CHAPITRE 18

Le pouce du panda

Le paléontologue, biologiste et historien des sciences Stephen Jay Gould (1941-2002) est considéré comme le plus célèbre scientifique dans sa discipline. Sa notoriété, son style à la fois savant et léger lui ont même valu d'apparaître dans un épisode de la série *Les Simpson*. Auteur de nombreux essais qui ont connu un succès mondial, il signe son ouvrage majeur, *La Structure de la théorie de l'évolution*, en mars 2002, quelques mois avant sa mort.

Le chercheur s'est fait connaître pour son combat contre les idées créationnistes mais aussi pour ses convictions concernant les modalités de fonctionnement de l'évolution à l'échelle des temps paléontologiques.

En 1972, Gould publie avec son collègue Niles Eldredge *La Théorie des équilibres ponctués*, un article retentissant, qui montre leur désaccord avec la vision darwinienne « gradualiste » présentant l'évolution comme un processus continuellement lent et graduel avec de petits changements s'accumulant sur de longues périodes pour produire de nouvelles espèces. Les deux paléontologues proposent au contraire l'hypothèse selon laquelle l'évolution se produirait lors de périodes de stabilité (stases) interrompues par des épisodes de changements rapides.

Ce postulat, qui ne rejette aucunement les idées de Darwin, a immédiatement suscité de nombreuses réactions et controverses au sein de la communauté scientifique. Certains paléontologues et biologistes évolutifs ont accueilli favorablement cette théorie des équilibres ponctués car elle offrait une explication plausible aux « lacunes » observées sur les fossiles, lorsque d'autres, plus sceptiques, préféraient les explications gradualistes. Ces discussions ont eu la vertu de contribuer à clarifier, affiner et étendre les idées concernant les mécanismes et les rythmes de l'évolution. Avec le temps, certains éléments de la théorie des équilibres ponctués ont même été intégrés à la compréhension conventionnelle de l'évolution.

En 1980, Stephen Jay Gould, dans un élan d'auto-célébration et de provocation, décrétait « la mort du darwinisme moderne et la naissance d'une nouvelle théorie générale de l'évolution ».

Panda

C'est justement en 1980 que Stephen Jay Gould publie *Le Pouce du panda, les grandes énigmes de l'évolution* (« *The Panda's Thumb* », en anglais), un livre grand public qui constitue le deuxième tome des chroniques qu'il a publiées chaque mois entre 1973 et 2001 dans la revue américaine *Natural History Magazine* et qui s'intitulaient « This view of life » (Regard sur la vie).

Dans cet ouvrage, Gould s'intéresse particulièrement aux phénomènes évolutifs qui semblent non optimaux ou « mal conçus » pour mettre en avant la complexité de l'évolution. Il rappelle dans l'introduction que « les manuels aiment illustrer l'évolution en citant comme exemple les adaptations les mieux réussies : le mimétisme du papillon prenant l'apparence presque parfaite d'une feuille morte, ou celui de l'espèce comestible imitant l'aspect d'un parent vénéneux ». Or, explique Stephen Jay Gould, « cette adaptation idéale est un mauvais argument pour l'évolution car elle contrefait l'action d'un créateur omnipotent. Les arrangements bizarres et les solutions cocasses sont la preuve de l'évolution,

– 210 –

car un Dieu sensé n'aurait jamais emprunté les chemins qu'un processus naturel, sous la contrainte de l'histoire, se voit bien obligé de suivre. Personne n'a compris cela mieux que Darwin. Ernst Mayr a montré comment Darwin, en défendant l'évolution, a fait appel, avec logique, aux organes et aux distributions géographiques les plus dénués de sens. Ce qui m'amène au panda géant et à son "pouce" ».

[Ernst Mayr, 1904-2005, est un ornithologue, biologiste et généticien germano-américain. Il fut l'un des biologistes évolutionnistes les plus importants du xxe siècle.]

Gould utilise donc le panda géant (Ailuropoda melanoleuca) comme exemple pour illustrer la notion d'« exaptation » qui signifie, dans la théorie de l'évolution, une adaptation sélective opportuniste, privilégiant des caractères utiles à une nouvelle fonction.

Le panda géant, bien qu'il appartienne à l'ordre des ours carnivores (les ursidés), s'alimente presque exclusivement de bambous qu'il déguste toute la journée dans les forêts de haute altitude de l'ouest de la Chine. Afin de satisfaire ses besoins nutritionnels, le panda géant adulte peut consommer quotidiennement jusqu'à 45 kilos de bambous et les mastiquer pendant 12 à 16 heures, selon le type de bambou et sa teneur en eau.

Pour manipuler les tiges de bambou avec autant de dextérité, le panda utilise un pouce spécialisé qui, anatomiquement, n'est pas un doigt. Il s'agit en réalité d'un os du poignet (l'os sésamoïde radial)

— 211 —

qui s'est modifié au fil de l'évolution pour fonctionner comme un pouce opposable. Ce « sixième doigt » n'est pas aussi flexible ou fonctionnel qu'un vrai pouce, mais il permet au panda de manipuler efficacement sa nourriture principale.

Chez le panda, explique Gould, « le sésamoïde radial est très développé et si allongé que sa taille atteint presque celle des os des phalanges des vrais doigts. Le sésamoïde radial soutient un renflement de la patte avant du panda ; les cinq doigts forment le cadre d'un autre renflement, le renflement palmaire. Un sillon, peu marqué, sépare les deux renflements et sert de conduit aux tiges de bambou ».

Ce « sixième doigt » illustre ainsi l'idée que l'évolution ne produit pas nécessairement le design le plus élégant ou optimal, mais plutôt des structures qui sont adaptatives et fonctionnelles pour la survie et la reproduction des organismes. Le pouce du panda est une adaptation évolutive répondant aux besoins alimentaires de l'animal. Les muscles de ce « pouce » n'ont pas été créés de toutes pièces. Ce sont, explique Gould, des « éléments anatomiques communs remodelés pour une fonction nouvelle ». Le muscle qui repousse l'os dans la direction opposée aux vrais doigts est l'abducteur du sésamoïde radial. « Chez les autres carnivores, ce muscle est attaché au premier doigt, au vrai pouce. » Chez les pandas, ce nouveau doigt n'a demandé aucun changement intrinsèque par rapport au pouce de l'ours commun, qui est le plus proche parent du panda géant et qui est doté d'un muscle long abducteur terminé par deux tendons :

l'un s'insère à la base du pouce, mais l'autre est fixé au sésamoïde radial.

Les ours ordinaires ont des régimes alimentaires plus variés et des méthodes de manipulation de la nourriture qui ne dépendent pas autant d'une structure de pouce spécialisée. Leur pouce est utilisé de manière plus générale pour une variété de tâches, mais sans le niveau de spécialisation observé chez les pandas. « Le vrai pouce du panda, explique Gould, qui est trop spécialisé pour être utilisé à une autre fonction et devenir un doigt opposable apte à la manipulation, est relégué à un autre rôle. Le panda est donc contraint de se servir des organes disponibles et de choisir cet os du poignet hypertrophié, solution quelque peu bâtarde, mais très fonctionnelle. » Et Gould d'ajouter : « Le pouce sésamoïde du panda ne remportera pas de prix au concours Lépine de la nature, mais il atteint le but recherché. »

Le biologiste français François Jacob, lauréat du prix Nobel de médecine en 1965, utilisait le terme de « bricolage » pour décrire le processus évolutif du vivant. Selon le scientifique, l'évolution biologique n'opère pas comme un ingénieur qui conçoit et crée de nouveaux outils et structures de manière optimale et avec un objectif spécifique en tête. Elle fonctionne davantage comme un bricoleur qui utilise et réutilise les matériaux et les outils existants pour créer quelque chose de nouveau. Ce bricolage évolutif conduit à une diversité incroyable de formes de vie, chacune adaptée à son environnement de manière unique.

– 213 –

En utilisant le terme « bricolage », Jacob a contribué à une compréhension plus nuancée de la théorie de l'évolution, soulignant que l'évolution n'est pas un processus de création, de conception parfaite, mais plutôt un processus d'adaptation et de modification continue des structures existantes pour répondre aux besoins changeants des organismes dans leur environnement.

L'ancêtre des mangeurs de bambous

Le panda géant, animal carnivore devenu herbivore, possède donc un pseudo-pouce pour manger quasi exclusivement du bambou. Mais à quand remonte cette adaptation ? En 2022, une étude publiée dans la revue *Scientific Reports* levait le voile sur cette question grâce à la découverte d'un fossile sésamoïde sur le site de Shuitangba, dans le sud de la Chine. Il s'agit d'un spécimen appartenant à un ancêtre du panda appelé Ailurarctos, aujourd'hui éteint, qui vivait il y a 6 à 7 millions d'années, à la fin du Miocène.

Ce fossile a été trouvé en 2015 dans une mine à ciel ouvert. Le professeur de paléontologie Xiaoming Wang, à l'origine de la découverte, évoque un morceau d'os en forme de cuillère. « Intuitivement, j'ai pensé qu'il s'agissait d'un pouce de panda fossilisé », a déclaré le scientifique. La comparaison du fossile avec des squelettes de pandas modernes a confirmé son intuition. Grâce à des dents isolées et un humérus partiel, le chercheur et son équipe ont pu identifier ce faux pouce comme appartenant à Ailurarctos. Les pandas géants seraient donc des mangeurs de bambous spécialisés depuis des millions d'années, alors que les recherches antérieures dataient les structures en forme de pouce de seulement 100 000 à 150 000 ans. « Au plus profond de la forêt de bambous, les pandas géants ont échangé un régime omnivore de viande et de baies contre des bambous tranquillement consommés, une plante abondante dans la forêt subtropicale », a déclaré le professeur Wang. Comme le tube digestif des pandas géants est plus court, l'animal digère rapidement mais mal sa nourriture, puisqu'il n'absorbe que 20 % des nutriments. Il peut déféquer jusqu'à 100 fois par jour !

Mais pourquoi la structure en forme de pouce n'at-elle jamais évolué en un pouce complet et opposable ? Depuis le Miocène, le « pouce » sésamoïde du panda géant ne s'est pas agrandi. 5 à 6 millions d'années auraient pourtant suffi au panda pour développer de faux pouces plus longs. Mais selon les auteurs de l'étude, il semble que la pression évolutive du besoin de voyager et de supporter son poids a conservé le « pouce » court assez fort pour être utile sans être assez gros pour le gêner dans ses déplacements.

Lorsque le panda marche en position plantigrade (paumes vers le bas), son « pouce » est limité par sa fonction d'équilibre et de répartition du poids. Et comme ce faux pouce du panda a une double fonction, celle de marcher et celle de « mâcher », cela explique peut-être la raison pour laquelle le « pouce » sésamoïde rudimentaire du panda a conservé une limite de taille et n'a jamais évolué vers un doigt complet et opposable.

Le pied du panda géant

Il ne possède pas un gros orteil opposable comme le pouce avant. Même si ce sésamoïde tibial (du tibia) est très développé, il l'est moins que le sésamoïde radial des pattes avant. Les pattes arrière du panda ne possèdent pas la même capacité de manipulation fine et sont principalement utilisées pour la locomotion et le support du corps. Elles ne nécessitent pas le même niveau de dextérité ou de préhension.

Grand et petit panda

Le grand panda n'est pas le seul animal doté de cet os sésamoïde lui servant de pouce opposable. Le petit panda, également connu sous le nom de « panda roux », en possède également un. Longtemps, ces deux animaux ont été classés ensemble dans la même famille des Ursidae. Mais malgré ce sixième doigt et leur nourriture commune à base de bambous, l'analyse des génomes a révélé que le petit panda était la seule espèce encore vivante de la famille des Ailuridés et qu'il avait une certaine proximité génétique avec la super-famille Musteloidea, le groupe qui inclut les ratons laveurs, les moufettes et les fouines.

En 2020, une étude génétique chinoise publiée dans la revue *Science* montrait en outre qu'il n'existerait pas une seule mais deux espèces de panda roux : Ailurus styani et Ailurus fulgens, l'une vivant dans les montagnes de Chine et l'autre évoluant dans les forêts de l'Himalaya.

Le panda roux de l'Himalaya montre une face plus claire que celui de Chine et une queue avec

– 216 –

des rayures moins marquées. Ces deux populations se sont séparées il y a quelque 250 000 ans et ont connu, depuis, des trajectoires démographiques distinctes. À l'heure actuelle, le panda roux est considéré comme « en danger » par l'Union internationale pour la conservation de la nature (UICN), avec une population globale en déclin constant.

CHAPITRE 19

Les héros du pouce

Tom Pouce et le Petit Poucet

Bien qu'ils soient souvent confondus en raison de leur petite taille, ces deux personnages de contes populaires sont issus de traditions différentes, avec des origines et des thèmes qui leur sont propres. Tom Pouce (*Tom Thumb* en anglais) est un personnage du folklore anglais dont les premières mentions écrites datent du XVIᵉ siècle, alors que *Le Petit Poucet* est un conte de fées français écrit par Charles Perrault et publié en 1697.

Tom Pouce

Personnage emblématique du folklore britannique, Tom Pouce a traversé les générations et les cultures avec son allure minuscule. D'une taille qui ne dépasse pas celle du pouce de son père, ce héros miniature est devenu un symbole de l'ingéniosité et de la débrouillardise au sein des traditions folkloriques, où il est répertorié sous le numéro de conte-type 700 dans le célèbre index Aarne-Thompson.

Sur son blog Diroulire, la conteuse Laurence Allain raconte en détail la longue histoire de Tom Pouce, qui apparaîtrait très tôt dans la tradition orale et dès le XVIᵉ siècle dans des écrits anglais. Mais le texte le plus ancien qui existe aujourd'hui, « L'histoire de Tom Thumb », remonte à 1621 et est attribué à l'auteur Richard Johnson. Ce texte en prose est considéré comme le premier conte merveilleux imprimé au Royaume-Uni. En 1630, sortira la première version en vers sous le titre « Tom Thumb, sa vie, sa mort ».

L'histoire de Tom Pouce était initialement un divertissement pour adultes, avant de connaître une métamorphose significative vers le milieu du XVIIIᵉ siècle. C'est à cette époque que les récits entrent dans la littérature pour enfants. Cette transition est marquée par un adoucissement des thèmes pour les rendre plus accessibles aux plus

— 219 —

jeunes, avec des publications qui prétendaient parfois être rédigées par Tom Pouce lui-même.

Au fil du XIXe siècle, avec l'expansion de l'imprimerie et la naissance du concept de littérature enfantine, *Tom Pouce* est devenu un incontournable de la culture en Angleterre.

En 1819, la version germanique de *Tom Pouce* fait son entrée avec les frères Grimm et leur *Daumesdick* (« Épais comme un pouce ») intégrée dans la deuxième édition de leur recueil *Kinder und Hausmärchen* (« Contes de l'enfance et du foyer »).

Une variante féminine, *Tommelise* (La Petite Poucette en danois), signée Hans Christian Andersen, est publiée pour la première fois en décembre 1835 à Copenhague.

Poucelina (*Thumbelina*) au Canada ou *Poucette* au Québec est un film d'animation américano-irlandais réalisé par Don Bluth en 1994, adapté de ce conte d'Andersen.

L'engouement pour Tom Pouce ne se limite pas à l'Europe. Des personnages de petite taille similaires à Tom Pouce se retrouvent dans les contes et mythes de nombreuses cultures à travers le globe. Ses aventures arrivent très vite aux États-Unis dans les bagages des migrants venant du Vieux Continent.

Au-delà des histoires, le terme « Tom Pouce » est devenu synonyme de petite taille dans la langue anglaise, une antonomase qui s'étend bien au-delà des personnages littéraires pour englober des objets ou des créatures de petite taille dans divers contextes.

Le personnage de Tom se retrouve dans toutes les cultures, avec des déclinaisons et des variations régionales. En France, rappelle le blog Diroulire, on retrouve le personnage de Poucet sous différents noms : **en Picardie** Jean l'Espiègle, Jean des Pois verts, **en Lorraine** le Petit Chaperon bleu, Jean Bout-d'Homme, **dans le Bourbonnais, le Forez** Gros-de-Poing, Plen-Pougnet, **en Bretagne** Mettig, le petit Modic, le petit Birou, Pouçot, **en Languedoc** Grain-de-Mil, Gru-de-Mil, Grain-de-Millet, Millassou, Pépérelet, **au Pays basque** Mundu-milla-pes et Meinòt.

Tom Pouce continue d'inspirer des œuvres de fiction, des pièces de théâtre ou des adaptations cinématographiques.

Histoire

Le conte traditionnel *Tom Pouce* s'ouvre sur l'histoire d'un couple âgé confronté à la solitude de son foyer. Rongés par le regret, ils formulent le vœu d'avoir un enfant, peu importe sa taille, même s'il devait être aussi petit qu'un pouce ou qu'un morceau de pâte à pain. C'est alors que leur souhait est exaucé, et ils accueillent un enfant d'une taille extrêmement réduite. Ce minuscule garçon est loin d'être ordinaire. Malgré sa petite taille, Tom Pouce est doté d'un esprit vif et d'un courage hors du commun lui permettant de vivre des aventures extraordinaires et de déjouer les attentes malgré sa petite taille. Au lieu par exemple de conduire les animaux de la ferme de manière conventionnelle, il les guide en s'installant dans l'oreille d'un cheval ou d'un bœuf et en leur donnant des instructions. Avalé par une vache, il utilise la ruse pour s'en échapper, enrichissant ainsi son mythe. Tom Pouce est aussi connu pour sa capacité à tromper des voleurs grâce à son ingéniosité. Néanmoins, certaines histoires de Tom Pouce peuvent se terminer de façon tragique avec sa mort.

Tom Pouce c'est aussi :

En botanique, des espèces naines que l'on qualifie de Tom Pouce, comme le fuchsia « Tom Thumb » ou le maïs « Tom Pouce », une variété naine de maïs pop-corn. On trouve aussi le Tom Pouce Cactus (Notocactus mammulosus) ou le Camélia Tom Pouce – Tom Thumb (japonica).

En pâtisserie, on trouve aux Pays-Bas et en Belgique le « tompoes » ou « tompouce », une spécialité locale de mille-feuille ou Napoléon, introduite par un pâtissier d'Amsterdam et nommée d'après Admiraal Tom Pouce, le nom de scène du nain frison Jan Hannema.

Un nom de scène : « Le général Tom Thumb » était le nom de Charles Sherwood Stratton, un célèbre nain du cirque américain Barnum ayant vécu au XIXe siècle.

Une locomotive : la Tom Thumb a une place importante dans l'histoire du chemin de fer aux États-Unis. Conçue par Peter Cooper en 1830, la Tom Thumb était la première locomotive à vapeur américaine à être construite aux États-Unis pour la Baltimore and Ohio Railroad (B&O). Sa renommée est en grande partie due à une course célèbre entre cette locomotive et un cheval tirant un train, qui a eu lieu sur la ligne B&O près de Baltimore. Malgré une panne mécanique qui a finalement donné la victoire au cheval, la performance de

– 222 –

la locomotive a suffisamment impressionné les investisseurs pour encourager son adoption future pour le chemin de fer.

De petits objets : « Tom Pouce » était au XIXᵉ siècle une plume métallique pour l'écriture fabriquée par la maison Blanzy Poure & Cie, une usine de Boulogne-sur-Mer.

Outillage : le terme « Tom Pouce » peut être utilisé pour désigner un tournevis de très petite taille adapté à des travaux de précision.

Le Petit Poucet

Ce conte de Charles Perrault est publié en 1697 dans *Les Contes de ma mère l'Oye*. C'est l'un des huit contes en prose publiés par Perrault dans ce recueil avec d'autres classiques telles que « La Belle au bois dormant », « Le Petit Chaperon rouge », « Barbe bleue », « Le Chat botté », « Les fées », « Cendrillon ou la petite pantoufle de vair », et « Riquet à la houppe ».

Le petit Poucet est une histoire intemporelle qui a fasciné et terrifié les lecteurs de toutes les générations. Ce récit raconte l'histoire du plus jeune de sept frères, surnommé le Petit Poucet en raison de sa petite taille. Né dans une famille extrêmement pauvre, le Petit Poucet est cependant doué d'une grande intelligence et d'une ingéniosité hors du commun. Dans une période de famine, ses parents sont forcés de prendre la décision déchirante d'abandonner leurs enfants dans la forêt, espérant qu'ils y trouveront de l'aide ou au moins pourront mieux survivre que dans leur misérable foyer. Le Petit Poucet, ayant entendu le plan de ses parents, utilise des cailloux blancs pour marquer le chemin de leur maison depuis la forêt. Après leur premier abandon, cette ruse permet aux enfants de retrouver leur chemin. Cependant, lorsque la famille se retrouve une fois de plus dans une situation désespérée, le Petit Poucet tente de reproduire son astuce avec des miettes de pain, mais les oiseaux les mangent, empêchant les enfants de retrouver leur chemin.

Perdus et seuls, les enfants se retrouvent à la merci d'un ogre cruel. Le Petit Poucet, usant de sa ruse légendaire, parvient à sauver ses frères et lui-même à plusieurs reprises. Il vole les bottes de sept lieues de l'ogre, garantissant non seulement leur évasion mais aussi leur retour triomphal chez leurs parents, qui sont remplis de remords et de joie à la vue de leurs enfants revenus.

Little Jack Horner

Cette comptine anglaise traditionnelle est mentionnée pour la première fois au XVIIIe siècle. Dans cette chanson, le rôle du pouce de Little Jack Horner est mis en avant lorsqu'il l'utilise pour retirer une prune de sa tarte, montrant ainsi la dextérité et la fonction utilitaire du pouce dans cette action. Cette comptine a été très tôt associée à des actes d'opportunisme, en particulier en politique.

« Little Jack Horner
Sat in the corner,
Eating a Christmas pie ;
He put in his thumb,
And pulled out a plum,
And said "What a good boy am I !" »

Le petit Jack Horner
était assis dans un coin,
mangeant sa tarte de Noël ;
Il a mis son pouce,
et en a sorti une prune,
et a dit : "Quel bon garçon je suis !"

Petite Poucette

En 2012, à l'âge de 82 ans, le philosophe Michel Serres publiait ce qui deviendra son plus grand succès en librairie, *Petite Poucette*. Vendu à plus de 300 000 exemplaires, ce bref essai de 90 pages s'intéresse à l'impact des nouvelles technologies de l'information et de la communication sur la société de l'époque.

Michel Serres décrit un bouleversement considérable, aussi important que l'apparition de l'écriture ou l'invention de l'imprimerie, avec une humanité nouvelle dotée de la capacité à écrire avec deux pouces sur un téléphone mobile. Selon Michel Serres, cette révolution a transformé la manière de penser, d'apprendre, de communiquer et de vivre ensemble. Le personnage fictif de « Petite Poucette » incarne cette population qui est née et qui a grandi avec le numérique, ceux qu'on appelle les *Digital Natives*. Michel Serre décrit la génération actuelle comme étant adaptable, multitâche et connectée en permanence, capable d'apprendre différemment grâce à des outils numériques. Il loue l'intelligence collective de cette génération, renforcée par les réseaux sociaux et les plateformes collaboratives.

Il critique aussi un système éducatif dépassé qui ne répond pas aux besoins de Petite Poucette et plaide pour une refonte de l'éducation, en intégrant davantage les outils numériques et en mettant l'accent sur l'apprentissage collaboratif. Son essai est une exploration bienveillante de la génération numérique. Aux vieux grognons qui accusent Petite Poucette de ne plus avoir de mémoire ni d'esprit de synthèse, Michel Serres préfère parler de la plasticité du cerveau et des facultés cognitives et imaginatives développées par les plus jeunes avec les nouveaux usages. Tout en célébrant les possibilités offertes par le numérique, Serres ne néglige pas pour autant leurs dangers. Il évoque par exemple les risques liés à la surinformation, à la perte de la vie privée ou encore à la dépendance technologique.

Mais malgré ces dangers, le philosophe se montre fondamentalement optimiste quant à l'avenir. Il voit en Petite Poucette un potentiel pour surmonter les défis mondiaux, grâce à sa capacité d'adaptation, sa créativité et son approche collaborative.

Face à l'immense succès de ce livre, on peut se demander pourquoi cet ouvrage a autant touché le public. Pour le comprendre, il faut rappeler qu'en

2012 les smartphones existaient depuis à peine cinq ans et les sujets concernant l'ère numérique et ses implications étaient au cœur des préoccupations. En abordant les transformations profondes engendrées par le monde connecté, Serres a su parler dans un style clair et fédérateur d'un sujet qui concernait un large public, le rendant accessible même à ceux qui n'étaient pas familiers avec la philosophie ou la technologie. Petite Poucette symbolise cette nouvelle génération qui a fait voler en éclats les repères traditionnels et les relations avec le monde mais qui a dû également s'adapter à toute allure. À une époque où de nombreuses voix critiquaient déjà les effets des nouvelles technologies, Michel Serres a proposé une vision optimiste de ces changements, offrant une perspective réconfortante à ceux qui se sentaient submergés ou sceptiques face à la révolution numérique. Nombreux d'ailleurs ont été les enseignants et les parents à lire massivement ce livre en y trouvant des clefs pour mieux comprendre ce qui était en train de se passer et s'adapter face aux nouveaux usages numériques de leurs élèves ou de leurs enfants. Dans son livre, Serres lançait un appel à la solidarité en déclarant que les générations devaient coopérer pour créer le monde nouveau de Petite Poucette.

Bien que certaines des références technologiques évoquées dans le livre puissent sembler datées (Facebook, le GPS et Wikipédia y font figure de nouveautés), l'essence du message reste pertinente.

« Under My Thumb »

Cette chanson des Rolling Stones, « Sous mon pouce », écrite par Mick Jagger et Keith Richards, sort en 1966 sur l'album *Aftermath*. Elle fait partie des plus gros succès du groupe et on la retrouve sur de nombreuses compilations.

« Under my thumb
The girl who once had me down
Under my thumb
The girl who once pushed me around »

Sous mon pouce
La fille qui autrefois me mettait à terre
Sous mon pouce
La fille qui jadis me poussait à bout

Les paroles de cette chanson, qui évoquent la domination d'un homme sur une femme, ont été très critiquées en raison de l'esprit misogyne cultivé à cette époque par les Rolling Stones. L'expression anglaise *Under my thumb* peut être traduite par « sous ma coupe ». Mike Jagger compare le personnage féminin à « un chien qui se tortille » ou à un « animal de compagnie ». Le chanteur a dû plusieurs fois s'expliquer au sujet de ce tube. En 1995, lors d'une interview, il expliquera que « c'est une chanson un peu blagueuse, vraiment. Ce n'est pas vraiment une chanson anti-féministe, pas plus que les autres [...] Oui, c'est une caricature, et c'est en réponse à une fille qui était une femme très exigeante ». Cette chanson

— 228 —

concernerait sa liaison de l'époque avec le mannequin Chrissie Shrimpton.

« Thumb »

Cette série de courts métrages du scénariste, producteur, acteur et réalisateur américain Steve Oedekerk est une parodie de films populaires (comme « Bat Thumb » pour Batman, « Thumbtanic » pour Titanic ou « The Blair Thumb » pour « The Blair Witch Project ») où tous les personnages sont des pouces avec des visages dessinés.

1999 : Thumb Wars : The Phantom Cuticle (La Guerre des pouces : la cuticule fantôme)
2001 : The Godthumb (Le Pouce de Dieu)
2001 : Bat Thumb (le Pouce de la chauve-souris)
2002 : Frankenthumb
2002 : The Blair Thumb
2002 : Thumbtanic

CHAPITRE 20

Gladiateurs et fake antique

« Et l'empereur, tranquillement, ordonnait en renversant son pouce, *pollice verso*, l'immolation du gladiateur terrassé qui n'avait plus qu'à tendre sa gorge au coup de grâce du vainqueur. »

Jérôme Carcopino, la Vie quotidienne à Rome à l'apogée de l'Empire, 1939

Certaines images attribuées à l'Antiquité semblent si bien ancrées dans nos représentations qu'il ne viendrait

— 230 —

à l'idée de (presque) personne de les contester. Ainsi notre imaginaire adore les pouces de la Rome antique. Et au chapitre des visions stéréotypées, le pouce des combats de gladiateurs fait figure de cas d'école.

Nous avons tous en mémoire les scènes de péplums hollywoodiens et de séries télévisées montrant les foules romaines déchaînées et le pouce baissé afin de demander la condamnation à mort d'un gladiateur ayant perdu le combat. Aucun film, bande dessinée, manuel scolaire ou tableau évoquant l'arène romaine et les gladiateurs ne s'est privé de mentionner ce geste légendaire. Mais en matière de faits historiques il faut toujours se méfier des fantasmes et des fausses interprétations. L'histoire du pouce est à ce titre assez fascinante.

Les explications qui suivent sont tirées de différents écrits d'historiens, en particulier ceux d'Éric Teyssier dont les thèmes de recherche portent sur l'histoire romaine sous la République et le Haut-Empire et dont la spécialité principale porte sur l'étude sociale et technique des gladiateurs. Il est souvent revenu sur l'utilisation du pouce dans la Rome antique, pour démontrer que cette pratique n'existait pas.

Il faut d'emblée nommer le coupable. Il s'agit de Jean-Léon Gérôme, un peintre académique du XIXe siècle pour lequel le terme de « peintre pompier » semble avoir été inventé tant ses toiles d'un kitsch délicieux cultivent le sensationnel et la grandiloquence. Gérôme aime le grand spectacle et ne s'en prive pas lorsqu'il peint l'assassinat de César,

Bonaparte en Égypte seul sur son cheval face au Sphinx, Molière à la table de Louis XIV ou la dernière prière des martyrs chrétiens. L'influence de Gérôme a été déterminante dans l'esthétique des superproductions hollywoodiennes.

C'est ainsi qu'on lui doit un tableau qui va changer à jamais la face du pouce. Il s'agit de *Pollice verso*, qu'il peint en 1872 et qui est la référence absolue en matière de pouce baissé dans la culture populaire. La scène représentée dans ce tableau se déroule dans un amphithéâtre romain. On y voit la tribune impériale, avec un empereur évoqué de façon assez sommaire et les gradins remplis de spectateurs. Au premier plan, dans l'arène, se trouvent trois gladiateurs. Deux sont à terre, l'un vivant qui tend le bras pour supplier qu'on l'épargne, et l'autre déjà mort. Le troisième est le vainqueur. Il est debout, le pied sur la gorge du gladiateur vivant qu'il vient de terrasser. Un quatrième gladiateur gisant sur le dos est à l'arrière-plan. Le moment est crucial puisque c'est la fin du combat : le gladiateur victorieux attend les ordres de l'empereur pour savoir s'il doit exécuter ou laisser la vie sauve au gladiateur vaincu. Mais la scène qui nous intéresse concerne un groupe de femmes habillées en blanc et installées dans une tribune au premier rang des gradins, juste à côté de la loge impériale. Ces femmes qui sont au nombre de six sont des vestales, des prêtresses dédiées à Vesta, la déesse du feu et du foyer à Rome. Leur fonction principale est de garder et d'entretenir nuit et jour le feu sacré. Elles jouissent de droits et d'honneurs considérables, soulignés dans le tableau par leur présence près de la loge impériale. Gérôme prend cependant la liberté de les représenter à un endroit habituellement réservé aux sénateurs. Et c'est l'attitude particulière de ces vestales qui va changer à tout jamais le cours de l'histoire moderne du pouce. Au centre du tableau, le gladiateur victorieux a le regard dirigé vers ces femmes. Il les interroge sur le sort qu'il doit réserver à son adversaire qui est à terre et encore en vie. Les prêtresses, qui semblent très agitées, lui répondent en tournant le pouce (*pollice verso*) vers le sol. Ce geste a été traduit comme une demande d'exécution du gladiateur. Il est également repris dans le tableau par une partie du public de l'amphithéâtre présent dans le gradin situé au-dessus des vestales. Outre le fait que Gérôme renverse encore la réalité en faisant de ces vestales des êtres peu charitables, c'est avec le pouce baissé qu'il prend le plus de liberté, aucun texte de l'époque ne mentionnant en effet ce geste. Il s'agit en réalité d'une pure invention.

Jean-Léon Gérôme est donc le premier, au XIXᵉ siècle, à représenter ce pouce tourné vers le sol dans un combat de gladiateurs. Son tableau est si célèbre qu'il a été pris pour une source historique tout à fait fiable. D'ailleurs, ce geste de mise à mort, qui est aussi devenu le symbole du sadisme des Romains, sera ensuite copié et recopié dans les illustrations faisant référence à cette époque.

En 1913, le réalisateur italien Enrico Guazzoni s'en inspire et signe l'un des premiers péplums du cinéma où l'on retrouve le pouce baissé du tableau de Gérôme. Il s'agit de *Quo Vadis*, adapté du roman de Henryk Sienkiewicz publié en 1896 et qui a valu à

– 233 –

son auteur le prix Nobel de littérature neuf ans plus tard. Dans le chapitre 15 du livre, on peut lire : « Par malheur pour Lanio, Néron ne l'aimait pas : aux derniers jeux, avant l'incendie, il avait parié contre lui, et perdu une grosse somme au profit de Licinius. Il tendit donc la main hors du podium en baissant le pouce. Immédiatement, les vestales l'imitèrent. Alors Calendio mit un genou sur la poitrine du Gaulois, tira un coutelas, et, entrebâillant l'armure de l'adversaire à la hauteur de la nuque, lui planta, jusqu'à la garde, la lame triangulaire dans la gorge. »

Le film de Guazzoni va assurer la popularité du pouce romain sur les écrans. On le retrouve ensuite dans le *Spartacus* de Stanley Kubrick en 1960 et dans le cultissime *Gladiator* de Ridley Scott sorti sur les écrans en 2000. Ce film est considéré comme l'un des blockbusters les plus influents du XXIe siècle. De quoi ancrer durablement le pouce retourné dans les esprits, surtout lorsqu'il appartient à Joaquin Phoenix dans le rôle de l'empereur Commode.

Mais comment Gérôme en est-il arrivé à peindre ce pouce baissé en 1872 ? Pour le savoir et remonter à la source de la confusion, les historiens de l'art ont d'abord essayé de retrouver ce geste dans l'abondante iconographie des jeux du cirque, pour comprendre ce qu'en ont laissé les Anciens à partir des témoignages épigraphiques, des citations littéraires mais aussi des représentations issues des bas-reliefs, des mosaïques ou des graffiti. L'historien Éric Teyssier a ainsi élaboré un corpus iconographique de près de 1 600 images, 500 inscriptions et 200 citations qui lui ont permis de revisiter totalement l'image habituelle de la gladiature. L'inventaire de cette iconographie montre que le pouce tourné vers le haut ou le bas n'apparaît dans aucune des représentations figurées des combats de gladiateurs.

Concernant les textes, le latiniste, archéologue et historien Georges Ville (1929-1967), auteur d'un travail sur le phénomène de la gladiature dans la Rome ancienne, cite deux références littéraires.

La première renvoie à un texte du poète espagnol Prudence écrit au Vᵉ siècle. En 402, Prudence compose le *Contra Symmachum* (*Contre Symmaque*), un texte qui s'inscrit dans un contexte de débat historique, idéologique et culturel entre christianisme et paganisme. Dans son poème, Prudence s'attaque au personnage de Symmaque, un orateur et sénateur romain qui s'est illustré dans la défense de la religion traditionnelle romaine contre le christianisme et dont les idées païennes sont perçues comme dangereuses par Prudence, ardent défenseur de la religion chrétienne. Le *Contra Symmachum* est donc avant tout un texte polémique et politique, dans lequel Prudence part en guerre contre la supposée vertu des vestales pour en dénoncer le caractère usurpé. Il stigmatise en particulier leur comportement cruel lors des spectacles de gladiateurs en écrivant : « *Pectusque iacentis, virgo modesta iubet* **converso pollice** *rumpi* » (et la poitrine de celui qui est à terre, l'honnête vierge, en retournant le pouce, ordonne de la briser).

La volonté de Prudence est donc de discréditer les vestales, « les honnêtes vierges », en les faisant passer pour des criminelles alors que ces femmes

– 235 –

sont avant tout des êtres charitables dont la position sociale leur permet au contraire de demander la grâce des condamnés à mort. Rien à voir avec ces femmes sanguinaires telles qu'il les présente.

La scène que décrit Prudence n'est pas le récit d'un moment qu'il a vécu. En effet, à l'époque où il rédige son texte, Prudence n'a pas pu assister aux combats de gladiateurs, interdits à ses coreligionnaires et qui au début du Ve siècle ont même quasiment disparu. Les derniers combats de gladiateurs sont attestés à Rome vers 410. Ils disparaissent ensuite sous la pression des chrétiens, mais surtout par manque d'argent, après la mise à sac de Rome par les Wisigoths. Il a donc fallu à Prudence recourir aux textes faisant mention de ces spectacles pour trouver une évocation de ce geste du pouce retourné dans les amphithéâtres. Et il puise pour cela dans une source littéraire datée du premier siècle de notre ère, à la grande époque de la gladiature. Elle est signée du poète satirique romain Juvénal, né en 55. Juvénal est l'auteur des *Satires,* seize œuvres poétiques rassemblées dans un seul livre et qu'il a composées entre 90 et 127. En 409, lorsque Prudence écrit son poème, les textes de Juvénal sont revenus à la mode. Dans la *Satire III,* Juvénal intitule l'un de ses vers « *verso pollice* » (et non pas « *pollice verso* » comme le titre du tableau de Gérôme).

> « *quondam hi cornicines et municipalis harenae*
> *perpetui comites notaeque per oppida buccae*
> *munera nunc edunt et, verso pollice vulgus*
> *cum iubet, occidunt populariter ; inde reversi*
> *conducunt foricas… »*

« naguère sonneurs de cor et habitués de l'arène des villes de province, joues bien connues des bourgades, ils financent maintenant des jeux, et quand le peuple l'ordonne en **tournant le pouce,** ils tuent pour se faire bien voir... »

Rien dans ce texte n'indique donc comment la foule rend son verdict concernant le gladiateur vaincu. *Verso pollice* se traduit simplement par « pouce tourné », mais la manière ou la direction n'est pas connue.

L'est-il en haut, en bas, pressé sur la paume ou sur les autres doigts ?

Et on peut également remarquer que dans son texte Prudence renforce le sens de « *verso* » en « *converso* », « tourner » en « retourner ». Une nuance qui va brouiller les pistes.

En 1603 dans *Les Essais,* Montaigne, comme on le verra dans le chapitre suivant, interprète également le « *pollice verso* » de Juvénal comme le fera Gérôme plus tard : le pouce rentré, on sauve, le pouce vers l'extérieur (vers le bas), on achève.

L'historien Michel Dubuisson, qui a été professeur à l'Université de Liège, explique que « pour les commentateurs, il allait de soi, au contraire que *pollice verso* signifiait « "pouce tendu *vers*" un objet (en l'occurrence la poitrine de celui qui fait le geste). Cette traduction s'illustre d'ailleurs dans de nombreuses sources archéologiques contrairement au pouce levé ou baissé ». Et Dubuisson d'ajouter un élément important en se référant à l'ouvrage de Richard

– 237 –

Broxton Onians sur les origines de la pensée européenne, *Origins of European Thought*. Dans ce livre, l'auteur anglais rappelle que « le pouce est pour les Romains le doigt principal, le plus important, le doigt par excellence, au point que *pollex* finit par pouvoir désigner métonymiquement n'importe quel doigt, ou même, par synecdoque, la main ». Michel Dubuisson, tel un enquêteur ne laissant aucun détail au hasard et avec une grande rigueur intellectuelle, trouve également dans un texte de l'universitaire Anthony Corbeill intitulé *Pollex and Index* (1997) la confirmation que « le doigt que la foule de Juvénal tend vers celui qu'elle veut voir mettre à mort, ce n'est évidemment pas le pouce, c'est l'index, le doigt qui sert par excellence à montrer, le mieux visible de loin. Le geste est d'ailleurs nettement plus facile à faire et plus naturel... ».

L'historien Éric Teyssier précise de son côté que « lorsque l'un des gladiateurs reconnaît sa défaite et qu'il demande l'arrêt du combat, le geste consacré est sans doute de présenter la main droite ouverte ou de lever l'index vers le ciel ou vers l'éditeur ». D'ailleurs, si le pouce levé ou baissé dans les jeux du cirque avait servi à prendre en compte l'avis du public, on se demande bien comment les organisateurs de ces manifestations auraient pu procéder au comptage des pouces, dans ces gigantesques amphithéâtres capables d'accueillir plus de 50 000 personnes ! Un texte de Martial (Des *spectacles, XXXII*) analysé par Éric Teyssier indique clairement que le public, pour décider du sort du vaincu, se manifeste en donnant de la voix plutôt qu'en baissant le pouce vers le sol. « Quand Priscus, quand Verus traînaient leur affrontement en longueur sans que Mars enfin se décidât pour l'un ou pour l'autre, le renvoi (*missio*) fut réclamé maintes fois à grands cris par l'assistance pour les champions. »

Retenons de cette pérégrination historique le fait qu'il n'existe aucune preuve textuelle claire de la position du pouce, qu'il soit levé ou baissé. Le pouce traduit à tort par Prudence comme étant retourné est donc basé sur une seule référence littéraire (celle de Juvénal), ce qui est bien maigre pour en faire un fait historique.

Profitant de l'imprécision du texte latin de Prudence, « *converso pollice* », le peintre Gérôme en 1872 a choisi d'inverser le *Verso pollice* de Juvénal en *Pollice verso* et de retourner le pouce dans son tableau.

L'historien Éric Teyssier raconte que lorsque le tableau a été présenté pour la première fois au public, il a rencontré immédiatement un énorme succès. *Pollice verso* de Gérôme a fait l'objet de nombreuses reproductions, avec des déclinaisons en gravures, dans des romans historiques et au cinéma. Le pouce baissé, en étant reproduit sur de nombreux supports, va donc devenir une référence, transformant cette erreur historique en un geste universellement connu et en un poncif de la gladiature solidement ancré dans l'imaginaire collectif.

Pollice verso est aujourd'hui exposée au Musée d'art de Phoenix en Arizona.

CHAPITRE 21

Un *Essai* de Montaigne

Michel de Montaigne a écrit sur une multitude de sujets dans ses *Essais*, explorant des thèmes aussi divers que l'amitié, la solitude, l'éducation, la mort, et bien d'autres encore. Son objectif était de comprendre l'humain dans toutes ses dimensions, à travers une introspection personnelle et l'examen des coutumes et des comportements humains. Le pouce figure donc dans les *Essais*.

L'écrivain et académicien Antoine Compagnon, qui a publié plusieurs ouvrages consacrés à Montaigne, explique que ce texte sur le pouce est l'un des plus courts des *Essais*. Il s'agit d'une note érudite s'inspirant des fiches que Montaigne a accumulées au fil de ses lectures.

Montaigne s'intéresse particulièrement à ce doigt en raison de son importance culturelle et symbolique à travers l'Histoire. Le pouce, en tant que partie du corps, peut sembler trivial, mais il est chargé de significations et de fonctions qui dépassent sa simple utilité physique. Ce qui s'en dégage, explique Antoine Compagnon, c'est d'abord l'idée que le pouce est « une autre main à la très grande utilité ». Pour l'étymologie grecque, c'est « la main opposée » (le pouce opposable). À l'époque de Montaigne, le pouce est considéré comme le « doigt maître », une croyance que l'on retrouve dans l'étymologie latine de *pollere*, signifiant « puissant ».

Dans le contexte des *Essais*, le pouce illustre la signification qu'attribuent les humains aux aspects les plus simples de leur corps et de leur existence. Montaigne aborde plusieurs implications de ce doigt, en commençant par une référence à Tacite, un historien romain qui a décrit comment les rois barbares prêtaient serment en croisant leurs pouces jusqu'à ce que du sang soit prélevé, pour les sucer ensuite. Cette pratique met en valeur le rôle du pouce dans des rituels et des accords importants.

Montaigne s'intéresse aussi à la communication non verbale, en montrant qu'un simple geste du pouce peut entraîner un jugement de vie ou de mort, comme dans le cas des combats de gladiateurs (ce qui est faux, comme on l'a vu dans le chapitre précédent).

Une partie importante du texte est consacrée à la guerre, le pouce étant un organe indispensable au combat. Montaigne donne l'exemple des soldats romains souffrant de blessures au pouce, qui étaient dispensés du service militaire parce qu'ils ne pouvaient plus saisir efficacement les armes. Il cite également des soldats s'étant automutilés pour être exemptés de combat, et le cas d'un chevalier romain qui a reçu une sévère punition de la part de l'empereur Auguste après avoir coupé les pouces de ses deux fils pour leur éviter d'intégrer l'armée.

Montaigne utilise le pouce comme prétexte pour explorer des questions plus larges de l'expérience humaine et de la philosophie morale. C'est une démonstration de sa méthodologie consistant à partir du concret pour atteindre l'universel.

Au fil des éditions des *Essais*, Montaigne a ajouté des exemples, comme dans l'édition de 1588 et dans l'exemplaire de Bordeaux, pour continuer à réviser son œuvre jusqu'à sa mort en 1592. À la définition latine du pouce, par exemple, il ajoute : **pollere** « *qui signifie exceller sur les autres* » (édition de 1580 à 1588).

L' « exemplaire de Bordeaux » est une version que Montaigne a lui-même corrigée et annotée. Ce manuscrit a été découvert en 1588 dans la bibliothèque de Montaigne à Bordeaux et il est considéré comme le texte le plus proche de l'intention finale de l'auteur des *Essais*.

« Des pouces »
Les Essais, livre II, chapitre XXVI

Tacitus recite que parmy certains Roys barbares, pour faire une obligation asseurée, leur maniere estoit, de joindre estroictement leurs mains droites l'une à l'autre, et s'entrelasser les pouces : et quand à force de les presser le sang en estoit monté au bout, ils les blessoient de quelque legere pointe, et puis se les entresuçoient.

Les medecens disent, que les pouces sont les maistres doigts de la main, et que leur etymologie Latine vient de *pollere*. Les Grecs l'appellent ἀντιχεὶρ, comme qui diroit une autre main. Et il semble que par fois les Latins les prennent aussi en ce sens, de main entiere :
Sed nec vocibus excitata blandis, Molli pollice nec rogata surgit.
C'estoit à Rome une signification de faveur, de comprimer et baisser les pouces :
Fautor utroque tuum laudabit pollice ludum :
et de desfaveur de les hausser et contourner au dehors :
converso pollice vulgiQuemlibet occidunt populariter.
Les Romains dispensoient de la guerre, ceux qui estoient blessez au pouce, comme s'ils n'avoient plus la prise des armes assez ferme. Auguste confisqua les biens à un chevalier Romain, qui avoit par malice couppé les pouces à deux siens jeunes enfans, pour les excuser d'aller aux armees : et avant luy, le Senat du temps de la guerre Italique, avoit condamné Caius Vatienus à prison perpetuelle, et luy avoit confisqué tous ses

– 243 –

biens, pour s'estre à escient couppé le pouce de la main gauche, pour s'exempter de ce voyage.

Quelqu'un, dont il ne me souvient point, ayant gaigné une bataille navale, fit coupper les pouces à ses ennemis vaincus pour leur oster le moyen de combatre et de tirer la rame.

Les Atheniens les firent coupper aux Æginetes, pour leur oster la preference en l'art de marine.

En Lacedemone le maistre chastioit les enfans en leur mordant le pouce.

CHAPITRE 22

Communications

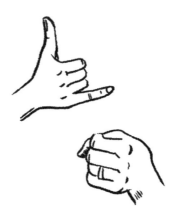

Le pouce joue un rôle crucial dans la communication et le langage, à la fois dans le langage verbal et non verbal.

Communication non-verbale :
Gestes : Le pouce est utilisé pour effectuer de nombreux gestes qui ont des significations spécifiques

dans différentes cultures. Par exemple, un pouce levé peut signifier « bon » ou « OK » dans de nombreux pays, tandis qu'un pouce dirigé vers le bas peut indiquer le désaccord ou une évaluation négative.

Emphase : Le pouce peut être utilisé pour souligner un point ou pour compter, ajoutant ainsi une dimension physique au langage parlé.

Communication sociale :

Expression de soi : Le pouce, en tant qu'élément des mains, peut être utilisé pour exprimer une variété d'émotions et de sentiments. Par exemple, les pouces serrés dans les mains peuvent indiquer de l'anxiété, tandis que des pouces qui se balancent peuvent démontrer une attitude décontractée.

Interaction sociale : Les poignées de main, où les pouces sont souvent engagés, peuvent exprimer de la convivialité, du respect ou de l'accord. Un pouce serré peut aussi être un geste rassurant lorsqu'on tapote quelqu'un sur l'épaule ou dans le dos.

Langue des signes

Le pouce fait partie intégrale de la langue des signes.

Le nombre de sourds et de malentendants en France serait compris entre 4 et 5 millions de personnes. Un chiffre à manier avec précaution puisqu'il faut faire une distinction entre ceux qui sont nés

sourds ou devenus sourds très tôt, ceux qui sont devenus sourds dans l'enfance ou l'adolescence et ceux
qui le deviennent à 70 ou 80 ans. Le nombre de sourds
locuteurs de la langue des signes française (LSF)
oscillerait entre 80 000 et 120 000, selon les sources.

La langue des signes existe depuis très longtemps
dans différents pays. Selon l'ouvrage *La Langue des
signes. Dictionnaire bilingue* paru aux éditions IVT,
bien avant qu'elle ne soit reconnue comme une
langue structurée, on trouve des descriptions des
gestes des sourds. Dès la fin du IVe siècle, dans sa
correspondance avec saint Jérôme, saint Augustin
évoque une famille sourde de la bourgeoisie mila-
naise. Il va jusqu'à dire que « leurs gestes formaient
les mots d'une langue ». Mais c'est à partir du
XVIIIe siècle, en France, que l'abbé de L'Épée met en
avant l'idée que « les gestes pourraient exprimer la
pensée humaine autant que la langue orale ».

En langue des signes, le pouce joue plusieurs rôles
cruciaux, la dextérité et la position des doigts étant
essentielles pour former les signes qui représentent
les lettres, les chiffres, les mots et les concepts.

Dans l'alphabet dactylologique français (alphabet
des signes utilisé pour épeler les mots), le pouce
sert à la formation de plusieurs lettres.

A : La main est fermée avec le pouce reposant sur
le côté du poing, cachant ainsi les autres doigts.

B : Tous les doigts sont levés et joints avec le
pouce plié sur la paume.

M : Le pouce est placé sous les trois premiers doigts pliés vers la paume.

N : Le pouce est placé sous les deux premiers doigts pliés vers la paume.

O : Les quatre doigts sont courbés pour toucher le pouce, formant un cercle.

S : Semblable à la lettre A, mais avec le pouce croisé sur les doigts repliés, comme pour tenir un poing serré.

T : Le pouce est placé sous l'index plié vers la paume.

X : L'index est courbé vers le pouce comme pour indiquer quelque chose, et le pouce est plié vers le bas.

Ces signes sont utilisés pour épeler un mot auquel ne correspond aucun signe spécifique ou pour clarifier l'orthographe d'un mot particulier. Cela est notamment utile pour les noms propres, les termes techniques ou lorsqu'on enseigne les lettres de l'alphabet. Chaque langue des signes aura son propre alphabet dactylologique et les formations des lettres peuvent varier

Certains signes nécessitent l'utilisation du pouce pour indiquer des concepts spécifiques, comme les signes pour « bien » ou « mal », où la position du pouce par rapport aux autres doigts et à la paume est essentielle pour véhiculer le sens correct.

Le pouce peut être utilisé pour exprimer des émotions ou des degrés d'intensité. Un pouce levé peut indiquer l'approbation ou le succès, tandis qu'un pouce vers le bas peut signaler le désaccord ou le mécontentement, similaire à son usage dans la communication non verbale en général.

La langue des signes n'est pas seulement un ensemble de signes pour des mots individuels, mais elle possède également ses propres grammaire et syntaxe. Le pouce contribue à la structure grammaticale de la langue, aidant à différencier les questions des affirmations ou à indiquer le temps et l'aspect des verbes.

Le pouce est également utilisé pour pointer vers soi ou vers les autres afin d'indiquer les pronoms personnels ou d'attirer l'attention sur un sujet particulier.

CHAPITRE 23

Auto-stop et pouceux

Lever le pouce pour faire de l'auto-stop est un geste largement reconnu dans de nombreuses cultures pour indiquer qu'un individu demande à une voiture de s'arrêter pour lui offrir un trajet.

Mais bien avant la voiture, à l'époque où les calèches étaient le moyen de locomotion dominant, des voyageurs étaient déjà en quête d'un transport gratuit. Pratiquaient-ils le pouce levé ? Difficile de le dire tant les interprétations historiques sont nombreuses.

Selon certaines versions, les pouces levés viendraient des conducteurs d'attelage, qui redressaient les pouces lorsqu'ils tiraient sur les rênes pour s'arrêter.

Ce qui est sûr, c'est que les mots « auto-stop » et « *hitch-hiking* » (en anglais) apparaissent à la fin des années 30. En France, l'arrivée des congés payés, obtenus grâce au Front populaire, incite aux déplacements de loisirs dans un contexte où les voitures sont chères et encore peu nombreuses. La pratique de lever le pouce avec le poing fermé et le bras tendu serait apparue pendant la Seconde Guerre mondiale, les militaires en déplacement utilisant ce signe pour solliciter des trajets auprès des conducteurs civils. La pratique se serait ensuite popularisée dans la société civile.

Ce geste emblématique a donné naissance à plusieurs expressions courantes pour décrire la pratique de l'auto-stop, telles que « faire de l'auto-stop », « faire du stop », « lever ou tendre le pouce » ou encore « se faire voiturer ». Au Québec, certaines expressions comme « faire du pouce » ou simplement « poucer » sont couramment utilisées. Au Québec, le terme « auto-stoppeur » peut aussi être remplacé par « pouceux ».

Dans les années 70, avec l'émancipation de la jeunesse, l'auto-stop connaît son âge d'or. Puis, grâce à la généralisation de l'automobile et des voyages en train, la pratique disparaît peu à peu. Mais ces dernières années, avec les préoccupations environnementales et le coût des transports, l'auto-stop redeviendrait à la mode.

Si le pouce levé est reconnu en Amérique et dans beaucoup de pays d'Europe comme un signe positif demandant un trajet, il peut être considéré comme péjoratif, voire insultant, dans d'autres pays comme l'Inde ou la Russie. En Iran ou en Thaïlande, c'est une insulte équivalente au doigt d'honneur. On peut dans ce cas pratiquer l'auto-stop en tendant le bras et la main, paume vers le bas, pour solliciter un voyage en voiture. Prenez donc le temps de bien vous renseigner sur les coutumes et les lois locales, sous peine de passer le reste de vos vacances dans une cellule froide à regarder passer les avions à travers les barreaux de votre nouveau gîte.

En plongée sous-marine, le pouce levé signifie « remonter ».

Le caractère spécial « 👍 » ou « pouce levé, forme pleine » correspond au code Unicode « U+1F44D ».

Pouce vers le bas

Il peut symboliser une désapprobation.

En plongée sous-marine, il signifie « on descend ».

Le caractère spécial « 👎 » ou « pouce vers le bas » correspond au code Unicode « U+1F44E ».

CHAPITRE 24

Manger sur le pouce

Qui n'a pas en tête au moins une expression comprenant le mot « pouce » ? En voici une liste. Si vous en aviez d'autres à mentionner je vous serais très reconnaissant de bien vouloir m'en informer sur-le-champ, sinon sur le pouce...

Jouer du pouce

Payer, donner de l'argent à quelqu'un.

Dictionnaire François, Pierre Richelet, 1680

On dit qu'il faut qu'un père **joue du *poulce***, quand il faut qu'il compte et qu'il débourse beaucoup d'argent pour acheter une charge à son fils pour marier une fille.

Dictionnaire Universel, Antoine Furetière, 1690

Serrer les pouces à quelqu'un ; tourmenter et mal-traiter quelqu'un pour l'obliger à avouer quelque chose.

Dictionnaire François, Pierre Richelet, 1680

« Contraindre par la force » (1640 ; l'emploi concret est attesté un peu plus tard, fin XVIe s., G. Bouchet dans un contexte obscur). Avant les menottes, on enfermait les pouces dans des poucettes, et la mise à la question comportait des instruments de torture qui serraient ou déformaient les pouces.

Dictionnaire des expressions et locutions, Alain Rey et Sophie Chantreau, Le Robert, 1993

Se mordre les pouces de quelque chose

(1611) C'est se repentir de quelque chose qu'on a fait.

L'expression a vécu jusqu'au XIXe s., cf. *S'en mordre les doigts*.

On dit pour vanter un ragoût qu'il est si bon **qu'on en mangerait ses *poulces.***

Dictionnaire Universel, Antoine Furetière 1690

– 254 –

Lire du pouce

Lire légèrement, sans attention, en tournant rapidement les feuillets.

Grand dictionnaire universel par Pierre Larousse, Tome douzième, 1874

Lire au pouce

En termes de correcteur d'imprimerie, lire les épreuves en première sans teneur de copie, en suivant sur le manuscrit à l'aide du doigt.

Grand dictionnaire universel par Pierre Larousse, Tome douzième, 1874

Avoir du pouce

Beaux-Arts. Dans l'argot des artistes, être d'une exécution fière, vigoureuse, décidée.

Grand dictionnaire universel par Pierre Larousse, Tome douzième, 1874

Pouce d'eau

Hydraulique. Quantité d'eau qui s'écoule par une ouverture circulaire et verticale, d'un pouce de diamètre, faite à l'un des côtés d'un réservoir, à un pouce au-dessus du niveau de l'eau.

Grand dictionnaire universel par Pierre Larousse, Tome douzième, 1874

Technique. Pièce d'un métier à bas sur laquelle l'ouvrier applique le pouce, pour soulever la partie antérieure du levier

Grand dictionnaire universel par Pierre Larousse, Tome douzième, 1874

— 255 —

Avoir le pouce rond
Aptitude.

On s'en lécherait les cinq doigts et le pouce
Grande valeur.

Si on lui donne un pouce, il en prendra grand comme le bras
Se défendre.

Avoir les pouces à la ceinture
Paresse.

Rentrer ses pouces
Mourir.

Le Bouquet des expressions imagées, Claude Duneton avec Sylvie Claval, Le Seuil, 1990

Coup de pouce
« Action dernière et décisive ». Cette expression assez récente (1874, au sens concret) témoigne de l'influence homonymique du verbe *pousser*. *Donner le coup de pouce* qui a aussi voulu dire « étrangler » (serrer avec les pouces) (1783) s'est fixé au sens de « donner la dernière petite poussée nécessaire ».

Donner le coup de pouce à la balance ou, simplement, donner le coup de pouce, tricher sur le poids en appuyant légèrement sur le plateau de la balance.
Donner le coup de pouce, un coup de pouce à une chose, lui imprimer une légère poussée pour qu'elle

aille comme on le souhaite et, fig. et fam., l'arranger, l'accommoder, ou aider discrètement à sa réussite.

On dit, de même, donner un coup de pouce à quelqu'un, lui apporter son aide. Il m'a donné un bon coup de pouce.

Dictionnaire de l'Académie française, IXᵉ édition, 2019

Coup de pouce (d'un artiste, d'un artisan). Manière d'exécuter une œuvre picturale ou sculpturale à l'aide du pouce.

Trésor de la langue française

Et le pouce

« Avec quelque chose en supplément », s'est d'abord dit d'un prix qui subit une rallonge (1813). Cette expression vient du sens « petite unité de longueur ». En ce qui concerne son domaine d'application (les prix, le commerce), on peut la rapprocher de la loc. archaïque : *marché fait au pouce de la chandelle* (du XVᵉ au XVIIIᵉ s.), « vente aux enchères limitée en durée par une marque faite sur une chandelle, qui devait se consumer jusqu'à un pouce de sa base ».

Dictionnaire des expressions et locutions, Alain Rey et Sophie Chantreau, Le Robert, 1993

Ne pas céder un pouce de terrain

« Être ferme sur ses positions, ne rien concéder » (1875). On dit plutôt ne pas céder d'un pouce.

Dictionnaire des expressions et locutions, Alain Rey et Sophie Chantreau, Le Robert, 1993

Se fouler les pouces

« Se fatiguer » (fam.) surtout en emploi négatif. À la fin du xixe s., on appelait *malade du pouce* le
paresseux qui refusait de travailler sous un mauvais
prétexte (et aussi l'avare).

Dictionnaire des expressions et locutions, Alain Rey
et Sophie Chantreau, Le Robert, 1993

Manger sur le pouce

« Rapidement » (1804), doit faire référence au rôle
des pouces dans le maniement du couteau et du pain
tranché, et très probablement à la nourriture rapidement poussée.

Dictionnaire des expressions et locutions, Alain Rey
et Sophie Chantreau, Le Robert, 1993

« Cette expression est attestée dès le début du
xixe siècle.

D'abord, pensez aux ouvriers ou aux paysans
d'autrefois qui, ayant apporté leur repas dans leur
gamelle, n'avaient que très peu de temps pour manger, ou aux soldats en guerre qui, pendant leurs
déplacements ou dans l'attente d'être pilonnés ou
attaqués, devaient rapidement avaler leur repas.

Maintenant, imaginez une main tenant un bout de
pain (ou autre chose de comestible) et l'autre tenant
un couteau avec lequel le mangeur coupait un morceau de sa nourriture, le poussait sur le pouce qui,
étant opposable aux autres doigts, servait alors de
cale, et l'y maintenait tout en l'amenant à sa bouche.
Si votre imagination (peut-être aidée par le souvenir
de quelques images vues dans d'anciens films) vous

– 258 –

a permis de bien voir ce geste autrefois commun, alors vous venez de comprendre l'origine de cette expression, effectivement associée à une consommation rapide de la nourriture ! »

Les 1001 expressions préférées des Français, Georges Planelles, Éditions de l'Opportun, 2012

Mettre les pouces

« S'avouer vaincu, céder » (1790 ; variante vieillie : *coucher les pouces*). Allusion à la coutume antique de diriger le pouce vers le bas pour signaler la défaite acceptée (ou la sanction de la défaite par la mise à mort).

Dictionnaire des expressions et locutions, Alain Rey et Sophie Chantreau, Le Robert, 1993

« Cette expression date de la fin du XVIIIe siècle, époque à laquelle on disait aussi *coucher les pouces*.

Dans les cours de récréation, elle est devenue un simple "Pouce !" lorsque l'enfant signale qu'il veut arrêter ce à quoi il participe. Trois écoles s'affrontent sans pitié à propos de son origine.

La première, proposée par Alain Rey dans son *Dictionnaire des expressions et locutions figurées*, suppose qu'elle vient de l'époque des Romains où, autour de l'arène, le pouce des spectateurs servait au vainqueur d'un combat à savoir s'il devait gracier (pouce en l'air) ou achever (pouces tournés vers le sol) son adversaire vaincu.

À la même époque, le pouce tourné vers le bas servait aussi au vaincu, paraît-il, à indiquer qu'il acceptait la défaite.

– 259 –

La deuxième, défendue par Littré, dit que la locution vient du fait que le pouce ne peut se poser ou reposer dans la main qu'à partir du moment où son propriétaire renonce à tenir une arme, acceptant ainsi sa défaite. Il étaye sa théorie à l'aide de la phrase suivante, écrite en 1550 par Carloix, secrétaire de François de Scepeaux : "Et faisant une belle reverance se retira, luy estant tombé le poulce dans la main [mettant les pouces, refusant de se battre]."

Enfin, selon la dernière, la locution viendrait de l'ancêtre des menottes, les poucettes, dans lesquelles le prisonnier, donc celui qui ne devait pas résister, devait placer ses pouces où ils étaient compressés et maintenus d'autant plus fermement que ces choses pouvaient aussi servir d'instrument de torture. À ce jour, aucun des trois camps n'a "mis les pouces". »

Les 1001 expressions préférées des Français, Georges Planelles, Éditions de l'Opportun, 2012

Mettre les quatre doigts et le pouce

« Se servir malproprement d'un plat (depuis le début du XVIIIe s.) ; agir sans délicatesse. » Croisée avec *se lécher les doigts*, produit la locution : *se lécher les quatre doigts et le pouce*, « se régaler » (XIXe s., précédé par : *en manger ses pouces*, même sens, 1690).

Dictionnaire des expressions et locutions, Alain Rey, et Sophie Chantreau, Le Robert, 1993

Se tourner les pouces

« Ne rien faire » (1869 ; tourner ses pouces, 1834 in Enckell). On a vu que *pouce* était associé à la paresse, dans la langue populaire du XIXe s. Déjà en 1611, *les pouces à la ceinture* qualifiait un oisif. Il est intéressant de noter que l'expression linguistique est doublée par un geste codé (mains croisées et pouces tournant l'un autour de l'autre) exprimant l'oisiveté.

Dictionnaire des expressions et locutions, Alain Rey, et Sophie Chantreau, Le Robert, 1993

Pouce

Pour désigner une distance, une quantité infime. N'avoir pas un pouce de terre (vieilli), n'avoir aucun bien en fonds.

Ne pas perdre un pouce de sa taille, se tenir très droit.

Il n'a pas bougé d'un pouce. Ne pas avancer d'un pouce, rester à la même place et, fig., ne faire aucun progrès.

Fig. Il n'a pas un pouce d'intelligence.

Et le pouce, avec quelque chose en plus, bien davantage. Il y a travaillé vingt ans et le pouce.

Loc. adv. Pouce par pouce, pouce à pouce, par pouce, progressivement.

Dictionnaire de l'Académie française, IXe édition, 2019

Francophonie
QUÉBEC :

Voyager sur le pouce ou faire du pouce
Faire de l'auto-stop.

Mitaines pas de pouce
Dans les chansons folkloriques, leitmotiv évoquant le manque de prévoyance, ou la misère.

Avoir les pouces verts
Dérivé de l'expression « avoir la main verte », l'expression, datée du milieu du XXᵉ siècle, s'utilise au Québec. Avoir les pouces (extrémité de la main) témoigne d'une aptitude particulière à faire quelque chose, le vert désignant les plantes.

SUISSE :
Se tenir les pouces
Locution performative que l'on énonce à l'adresse de quelqu'un à qui l'on veut souhaiter bonne chance, pour lui dire qu'on est de tout cœur avec lui, pour lui manifester son soutien, en particulier avant un examen, un entretien d'embauche, etc.

BELGIQUE :
Sucer quelque chose de son pouce
Trouver ou deviner quelque chose tout seul. Inventer de toutes pièces.

CHAPITRE 25

Poucettes de torture

Depuis l'Antiquité, le pouce est l'objet de tortures particulièrement innovantes. Ces méthodes étaient souvent conçues pour infliger une douleur maximale sans nécessairement mettre en danger la vie de la victime, du moins à court terme.

Les « poucettes » sont des instruments spécialement dédiés aux pouces et qui ont traversé les époques, si l'on en juge par les exemples qui suivent.

Les poucettes (ou grésillons ou grillons)

Ces instruments de torture ont été utilisés pendant l'Inquisition pour extraire des aveux sous la douleur. Ils comprimaient les doigts ou les orteils entre des lames métalliques serrées par des cordages ou un mécanisme. La douleur intense résultant de cette compression était censée forcer le sujet à avouer les crimes dont il était accusé.

Au-delà de leur utilisation proprement dite, ces instruments de torture avaient également un effet dissuasif et terrorisant pour les suppliciés.

Bagne militaire d'Oléron

Le 1er avril 1901, dans *La Revue Blanche* (revue littéraire et artistique belge puis française, de sensibilité anarchiste), on trouve un texte sur les poucettes utilisées au bagne militaire d'Oléron sous la plume de l'écrivain et journaliste Gaston Dubois-Desaulle. Il consacre un long article au régime coercitif arbitraire du bagne, particulièrement cruel.

« La prison aggravée, la cellule aggravée, la cellule de correction, les fers, ne sont pas les pires moyens employés pour assurer l'ordre : ce sont les moyens réglementaires. Il y a, de plus, les poucettes, le bâillon, la crapaudine, le passage à tabac.

Les poucettes. Aucun règlement, aucune loi, aucun acte législatif ou administratif ne prescrit l'emploi des poucettes dans l'armée française, et cependant on applique aux disciplinaires cet instrument de torture. De ce fait la question est rétablie dans l'armée. Cette assertion n'est pas une hyperbole de polémiste, mais un fait constaté par une foule de témoignages.

Le châtiment des poucettes n'étant prévu par aucun règlement, l'arbitraire du gradé est le seul juge de son opportunité. Ces poucettes sont à la disposition de tous les gradés, depuis le fonctionnaire-caporal (auxiliaire du cadre armé, clairon, ordonnance) jusqu'à l'officier. L'instrument de torture mis aussi libéralement à la disposition de toute puissance hiérarchique ne sert, dans la majorité des cas, qu'à assouvir des rancunes et des antipathies particulières. Le plus grand grief qu'un gradé de la discipline produise contre un disciplinaire (nous en parlons expérimentalement) est d'avoir "une tête qui ne lui revient pas" ; qu'on mette en ligne de compte la vanité brutale du gradé blessée par une réponse ironique ou un geste esquissant la révolte intérieure et toutes les contraintes, tous les sévices, tous les meurtres en découlent et, d'abord, la mâchoire d'acier fonctionne, broyant les pouces.

Suivant la grosseur des pouces ou le calibre des poucettes, après un nombre plus ou moins grand de tours de l'ailette remontant la plaque de serrage, l'homme perd connaissance et le sang transsude par les pores de l'extrémité du pouce. Quelques minutes après la mise aux poucettes, la partie extrême du pouce enfle ; l'arrêt de la circulation donne à la chair des tons violâtres ; le pouce s'insensibilise alors par l'excès même de la douleur, à condition toutefois qu'on ne réveille pas cette douleur par des mouvements : afin d'aggraver la torture, les gradés, qui connaissent cette particularité, viennent secouer ou tirer les poucettes.

Si l'application des poucettes provoque une souffrance terrible, leur retrait n'est pas moins douloureux : les gradés, au lieu de retirer les poucettes en faisant tomber à leur position inférieure l'ailette taraudée et la plaque de serrage, ne les abaissent que d'une longueur suffisante pour que le pouce, s'il était à son état ordinaire, pût passer, en sorte qu'il s'opère une pression sur l'œdème de la partie extrême du pouce : de plus, au lieu de faire sortir les pouces d'un seul coup, ce qui serait moins pénible, ils donnent alternativement de toutes petites secousses à droite et à gauche.

Quant à la durée de ce supplice, elle dépend du bon plaisir du gradé.

Il arrive que les poucettes soient maintenues une journée entière ; parfois le patient en est quitte au bout d'une demi-heure.

Le fait qu'un homme soit présent au peloton de punition ne le dispense pas nécessairement des poucettes. Dans ce cas il manœuvre avec les autres, fût-ce au pas gymnastique, les pouces ferrés derrière le dos.

Les photographies prises par nous dans les cellules de correction d'Oléron indiquent dans quelles positions les hommes aux poucettes sont obligés de boire ou de manger. Elles montrent un homme rampant vers sa gamelle dont il va saisir le bord entre ses dents. Dans une seconde, le même homme a réussi à saisir entre ses dents le petit goulot de son bidon et, s'étant mis à genoux, il boit.

Voici un jeu assez en usage chez les graciés : au moment où le détenu va saisir entre les dents sa gamelle, il arrive que le gradé la pousse du bout du pied ; le détenu rampe à la poursuite de son repas, et le jeu dure autant qu'il plaît à l'autre d'affirmer sa puissance.

Quant aux besoins naturels, comme l'homme aux poucettes ne peut pas se déboutonner, il attend qu'un gradé vienne et veuille bien lui ôter les poucettes ; sinon, il évacue dans ses vêtements.

Une pratique à signaler encore : lorsqu'un gradé, mettant les poucettes à un disciplinaire, arrive à un point du pas de vis où il ne peut plus serrer avec ses doigts, il prend soit un clou de charpentier, soit sa baïonnette, et, introduisant la pointe dans un des trous de l'ailette taraudée, fait levier pour obtenir une pression plus forte.

Les pouces étant ferrés derrière le dos, l'homme est abattu par terre et les chevilles sont ligotées ensemble et rattachées, non pas aux poignets comme dans la crapaudine ordinaire, mais à l'anneau spécial que portent les poucettes à leur extrémité : de sorte que, de quelque façon que l'homme se place, en plus de la pression exercée sur eux, ses pouces subissent une traction constante, car les jambes, repliées en arrière, font ressort. »

Le 15 avril 1901, quinze jours après la publication de cette enquête, le journaliste Gaston Dubois-Desaulle écrit un nouvel article :

« À l'apparition de *La Revue Blanche* du 1ᵉʳ avril (et même avant, car nous en avions mis les épreuves en circulation), tous les journaux s'émurent de notre enquête sur le dépôt disciplinaire d'Oléron (insalubrité des locaux, régime de la prison simple, de la prison aggravée, de la cellule simple, de la cellule aggravée, de la cellule de correction, torture de la faim, emploi des fers, des poucettes et du bâillon, supplice de la crapaudine, passage à tabac, etc.).

Aussitôt, leur fut communiquée cette note officieuse :

Lorsque, il y a une dizaine de jours, les épreuves de La Revue blanche *lui eurent été communiquées par un ami, le ministre de la Guerre partit inopinément pour Oléron, se présenta au pénitentier sans être attendu, et put, par conséquent, juger par lui-même. La vérité est que, depuis six mois, c'est-à-dire depuis l'arrivée du nouveau commandant, il n'a plus été fait usage des instruments de torture ; du moins chacun des détenus, pris à part, l'a-t-il affirmé au ministre.*

Le commandant, en effet, avait retiré la libre disposition de ces instruments à ses sous-ordres et s'était réservé d'en faire usage si les circonstances l'y contraignaient (...) La presse, unanime, s'extasia sur l'initiative du ministre de la Guerre et le félicita d'avoir jeté au rebut les instruments de supplice. Nous indiquerons le caractère de ces louanges en reproduisant ce fragment d'un article de M. J. Cornély (*Figaro* du 6 avril) :

Le général André a fait jeter à la vieille ferraille poucettes et crapaudines, et il me plaît de choisir

– 268 –

le jour du Vendredi saint pour le féliciter d'avoir fait disparaître l'habitude et les instruments de ces supplices. Aujourd'hui, les plus incrédules ont une pensée de honte, de regret, de commisération et de reconnaissance pour Celui qui mourut, il y a dix-huit cent soixante-huit ans et qui s'offrit en holocauste pour les hommes. Depuis, l'usage s'est établi d'appeler chrétien tout acte de mansuétude, de miséricorde et de charité humaine. C'est un de ces actes que vient d'accomplir sans tambour ni trompette, sans apparat ni musique, M. le général André.

Nul doute, en effet, que le général André n'ait eu d'abord l'intention de supprimer les poucettes ; mais c'est alors qu'est intervenu son entourage militaire, et, au ton de ces lignes que nous extrayons du *Gaulois*, on peut se faire une idée des considérations qui lui auront été soumises :

Ces mesures de rigueur n'avaient cours que dans des cas extrêmes, c'est-à-dire quand un des repris de justice qui formaient ces corps spéciaux assassinait un de ses camarades, un supérieur ou un particulier. (Et pour justifier l'emploi des poucettes :) ... Il faut garantir les gardiens ou les chefs contre les coups de poignard dans le dos.

Le général André n'accomplira donc pas l'"acte chrétien" dont le félicite M. Cornély.

Voici sa circulaire (*Journal officiel* du 9 avril) :

– 269 –

Le ministre de la Guerre.

À M. le général commandant le 18ᵉ corps d'armée, le général commandant en chef du corps d'occupation de Madagascar, le général commandant supérieur des troupes de l'Afrique occidentale, le colonel commandant supérieur des troupes à la Martinique.

Messieurs, les peines corporelles, telles que la peine de la barre de justice boucle simple et la peine de la barre de justice boucle double, ont été abolies dans la marine par décret du 31 janvier 1901, et cette mesure est applicable à tous les corps disciplinaires qui relevaient de la marine.

[...]

D'autre part, l'usage des poucettes a été interdit d'une manière générale à l'égard des militaires du corps disciplinaire. Toutefois, comme il a été spécifié que les poucettes pourraient être employées, dans des cas exceptionnels, par mesure humanitaire, pour empêcher notamment qu'un homme se porte à des excès d'indiscipline contre lesquels il y aurait à sévir avec rigueur, j'ai décidé que les commandants du corps disciplinaire ou d'une unité disciplinaire auront seuls la faculté de donner l'ordre de faire usage des poucettes, mais sous la réserve que ce mode de répression sera toujours limité au minimum de temps jugé strictement nécessaire.

Je vous prie de donner des instructions formelles pour assurer l'exécution de ces dispositions.

Le ministre de la Guerre,
Général I... André

Ainsi le général André interdit la barre de justice. Nous en prenons acte. Quant aux poucettes, il ne les supprime pas : il les réglemente.

Or, jusqu'au 9 avril 1901, date de sa circulaire, les poucettes étaient un moyen coercitif arbitraire ; infliger les poucettes à un soldat, fût-il disciplinaire, c'était commettre un abus de pouvoir justiciable, en somme, du conseil de guerre. Nul texte de loi, de décret, de règlement, d'instruction, de circulaire ou de note qui les prévît... Le système des fers, lui, comportait réglementairement l'emploi des pedottes (barre de justice ou double boucle) et des menottes, et le *Journal militaire* de 1868, premier semestre, n° 3, reproduit l'effigie de ces deux instruments : peut-être le ministre a-t-il confondu les menottes et les poucettes, ce qui expliquerait, dans sa circulaire, l'affirmation, complètement inexacte, que nous avons reproduite en italiques.

Quoi qu'il en soit, les poucettes – qui étaient employées dans l'armée française, mais que l'armée française n'avouait pas, ont, depuis le 9 avril 1901, une existence officielle ; c'est le général André qui la leur a conférée, solennellement, – et il la leur a conférée sans le faire exprès : une fois de plus, le ministre de la Guerre est mystifié par son entourage.

Cependant laissons de côté les poucettes. Depuis la circulaire du 9 avril 1901, les cellules de correction, les casemates, les locaux disciplinaires d'Oléron seraient-ils d'une insalubrité moins meurtrière ?

G. Dubois-Desaulle »

Poucettes, matraques à pointes :
le marché de la torture « made in China »

En septembre 2014, le site internet de France 24 faisait état d'un rapport de l'ONG Amnesty International dénonçant l'explosion du commerce d'équipements de torture et de maintien de l'ordre chinois. L'article évoquait les 130 entreprises spécialisées dans cette filière rapportant des centaines de millions de dollars par an, notamment China Xinxing. Cette entreprise chinoise d'équipements militaires spécialisée dans le maintien de l'ordre vendrait pour environ 100 millions de dollars (77 millions d'euros) par an de ses produits dans 40 pays africains. L'une de ses spécialités est la matraque à pointes qui, comme son nom l'indique, peut faire beaucoup plus de dégâts que la traditionnelle matraque en caoutchouc, mais son catalogue comporte aussi des poucettes.

CHAPITRE 26

La bague au pouce

Le port de la bague au pouce est une pratique très ancienne. Des tombeaux datant d'avant notre ère nous informent qu'en Chine ou en Égypte, par exemple, des personnes étaient enterrées avec une bague au pouce.

Ce bijou embrassant le plus robuste des doigts était historiquement réservé aux élites ou aux guerriers en guise de protection et de distinction, puis il a évolué pour devenir un élément de mode contemporain, empreint de significations qui varient selon les contextes culturels et personnels.

Dans certaines cultures anciennes, comme chez les Grecs et les Romains, les bagues étaient souvent portées pour signifier la richesse ou le statut social, et elles pouvaient être portées sur n'importe quel doigt, y compris le pouce. Chez les Romains, une bague large appelée *annulus politicus* était parfois portée au pouce par les hommes de classe élevée.

Les anneaux de pouce

Les premiers exemples de ces bagues remonteraient au néolithique. Il s'agissait alors d'objets en corne, en os ou en pierre, retrouvés sur le continent asiatique. Il est probable que ces bagues étaient complétées par une section en cuir couvrant la paume, bien que le cuir n'ait pas survécu au temps. En comparant ces anciens anneaux à ceux d'aujourd'hui, on constate que leur conception fonctionnelle est restée relativement inchangée à travers les âges.

En Asie, les archers employaient des bagues de pouce comme protections durant le tir à l'arc. Ces bagues se portaient à la base du pouce, une partie plate pouvant venir protéger une partie de la paume de la main. Lorsque l'archer tenait l'arc avec le pouce et les autres doigts, le pouce se plaçait sur la corde, directement sous la flèche. Cette prise était

— 274 —

consolidée grâce à l'index et, occasionnellement, au majeur, qui s'opposent au pouce. La corde était en contact avec la surface plane de la bague, évitant ainsi la peau.

Souvent conçues comme de simples cylindres en Chine et en Mongolie, ces bagues étaient réalisées à partir de matériaux robustes tels que l'os, le bronze ou le cuivre pour assurer leur fonctionnalité.

Il n'est pas fréquent qu'un instrument de guerre se transforme en bijou. Mais c'est précisément ce qui s'est passé avec les anneaux d'archer chinois. Les variantes les plus somptueuses, façonnées en jade ou en argent et embellies de motifs élégants, servaient davantage comme symboles d'apparat. Elles pouvaient être accrochées sur une cordelette à la ceinture, ou exposées dans une boîte dédiée, comme en Chine. Le port d'une telle bague par un dignitaire le positionnait dans une illustre tradition de guerrier.

Une forme ancienne d'anneau de pouce d'archer a été trouvée dans la tombe de Fu Hao, la puissante épouse du quatrième roi de la dynastie Shang (1250 avant JC). Datant de la dynastie Zhou (1046-256 av. JC), deux bagues d'or appartenant à un seigneur local ont également été mises au jour à Liangdaicun, proche de Hancheng sur le fleuve Jaune. Ces pièces datent du VIIIe siècle av. J.-C.

En Europe, les archers adoptaient principalement la « préhension méditerranéenne », saisissant la corde de l'arc avec l'index et le majeur.

Avec l'évolution de la société chinoise, dans les années 1920 les anneaux de pouce ont perdu leur utilité, y compris comme symboles de statut, rendant un grand nombre d'entre eux disponibles pour des applications décoratives. Beaucoup de ces anneaux, souvent en jade ou en imitations de jade, continuent d'être produits aujourd'hui. Ils se retrouvent intégrés dans divers objets chinois nécessitant une décoration de forme cylindrique.

Dans la culture moderne, la signification de la bague de pouce peut varier. Dans certains cas, elle peut être portée simplement comme un choix de mode ou pour exprimer son individualité. Dans d'autres cas, elle peut avoir des significations spécifiques liées à l'identité ou à l'appartenance à un groupe particulier. Dans certaines interprétations de la chiromancie, le pouce représente la volonté et l'identité personnelle. Ainsi, porter une bague au pouce pourrait être interprété comme un signe d'assurance et de confiance en soi.

Nombreuses sont les explications concernant la bague au pouce sur les sites de joailliers. Voici quelques éléments glanés sur ces sites :

La signification de la bague au pouce pour les femmes

Que ce soit à gauche ou à droite, porter une bague au pouce n'a pas de signification universelle pour les femmes. Dans plusieurs cultures et à divers moments de l'Histoire, cette bague représentait souvent le souvenir d'un époux disparu. Elle pouvait

— 276 —

être celle d'un mari, d'un père ou d'un autre proche masculin, probablement en raison de sa taille.

Certaines féministes l'ont adoptée comme symbole de contestation face à la symbolique patriarcale traditionnelle associée aux bagues, en particulier l'alliance ou la bague de fiançailles.

Elle est également devenue un emblème de rébellion, d'indépendance ou d'anticonformisme. Cela est peut-être dû à la singularité du pouce par rapport aux autres doigts.

Certaines bijouteries proposent des modèles spécialement conçus pour porter sa bague de fiançailles au pouce.

La signification de la bague au pouce pour les hommes

Les hommes ont diverses raisons de porter une bague au pouce.

Elle peut symboliser le pouvoir. Autrefois, elle avait pour signification un haut rang social, la richesse et l'autorité. Doigt le plus fort de la main, le pouce est souvent associé à Poséidon, dieu solitaire de la mer, le seul à ne pas résider sur le mont Olympe. Ce dieu était l'incarnation de l'indépendance, de la liberté d'esprit, de la créativité et de la volonté, de sorte que porter une bague au pouce signifiait que l'on possédait ces valeurs.

Aujourd'hui encore, la bague portée au pouce, notamment une chevalière en or ou en argent, peut être un signe de richesse.

Elle peut être aussi liée à une profession particulière. Certains hommes portent des bagues maçonniques spécifiques à leurs confréries.

Comme le pouce est le doigt de la main le plus imposant, porter la bague au pouce pourrait être vécu comme un signe de virilité pour certains hommes, avec des modèles massifs en argent, en or ou en acier tels que les chevalières, les anneaux imposants, les bagues avec une tête de mort ou des têtes d'animaux féroces.

Mais nombre d'hommes optent pour cette bague simplement comme accessoire de mode, accumulant souvent plusieurs bagues pour un effet stylisé. Elle offre également une alternative originale pour porter des bagues spécifiques, comme une bague universitaire.

CHAPITRE 27

Ave César (Baldaccini)

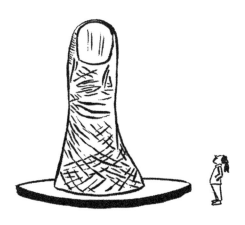

En 1965, le galeriste Claude Bernard prépare une nouvelle exposition pour sa galerie située rue des Beaux-Arts, à Paris, sur le thème de la main. Intitulée « La main, de Rodin à Picasso », elle rassemble 80 sculpteurs. Claude Bernard convie l'artiste César Baldaccini, plus connu sous le nom de César, à y participer. César est un fervent admirateur de Rodin et de Picasso, et il possède une grande connaissance de l'histoire de la sculpture, grâce à une formation très académique à l'École des Beaux-Arts de Marseille, puis à celle de Paris. Il maîtrise parfaitement la sculpture classique et l'œuvre de Rodin, « La Cathédrale », représentant deux mains droites entrelacées, l'a profondément marqué.

En 1965, César est un artiste reconnu, membre du mouvement des Nouveaux Réalistes, et est même considéré par certains critiques comme le plus grand sculpteur français contemporain, ayant déjà imposé sa marque avec ses célèbres « Compressions ». Comme souvent chez César, les grandes étapes de son œuvre sont le fruit du hasard.

En 1960, alors qu'il cherchait des fragments de fer, de cuivre et d'aluminium chez un ferrailleur de Gennevilliers, il découvre une énorme presse hydraulique capable d'engloutir une voiture entière. C'est ainsi que naissent les « Compressions », qui susciteront le scandale, l'incompréhension et le rendront célèbre.

Toutefois, face aux œuvres de Rodin et Picasso présentées dans l'exposition sur la main, César doit concevoir quelque chose de différent pour marquer les esprits. Mais il ne sait pas quoi faire.

À partir de 1963, il réalise une série de moulages corporels et c'est ainsi qu'il a l'idée de mouler l'empreinte de son propre pouce et de l'agrandir à des dimensions qui le transforment instantanément en quelque chose d'autre qu'une simple réplique de son doigt.

– 280 –

C'est la découverte d'un instrument de dessin dans l'atelier d'un jeune artiste qui va l'inspirer pour l'exposition de Claude Bernard. Il s'agit d'un pantographe à trois dimensions, traditionnellement utilisé pour agrandir des sculptures tout en conservant les proportions entre l'original et la copie. Face à cette machine, César adopte la même attitude que devant la grande presse de Gennevilliers.

« D'un seul coup j'ai vu la possibilité que cet appareil m'offrait. J'ai pensé à ma main. J'ai dit à cet ouvrier : "Si je vous donnais un moulage de mon pouce, est-ce que vous pourriez l'agrandir ?" Il m'a dit : "Je ne sais pas... peut-être... ce n'est pas comme la surface d'une sculpture, c'est plus compliqué..."

Je suis retourné le voir, j'ai discuté avec lui et j'ai fait un essai. Je me suis fait mouler le pouce... D'abord, cela ne marchait pas parce que la machine usait le doigt, il a donc fallu trouver le moyen d'améliorer la technique. Il y avait aussi une question de temps. Cela va beaucoup plus vite d'agrandir un objet que d'agrandir une sculpture dont on veut obtenir une reproduction absolument parfaite.

Quand j'ai vu les premiers agrandissements du pouce, j'ai tout de suite senti que c'était à moi, que c'était ma chose autant que les sculptures en modelage ou en plâtre que je faisais quand j'étais plus jeune, autant que celles que je taillais dans le marbre ou le bois, ou les découpages que je réalisais en papier. Je me sentais tout à fait physiquement responsable de ce pouce. »

L'historien de l'art Rainer Michael Mason écrit à propos du Pouce en 1976 : « Il importe d'insister sur le processus qui assure la mutation de l'objet (l'empreinte de taille normale) en sculpture (l'objet à sa dimension parlante). Ce travail est confié à un outil, le pantographe, qui porte les empreintes (pouce, sein, moulés sur nature) à la grandeur où elles dépouillent leur condition d'effigie anthropomorphique indentifiable. Cet agrandissement, qui touche aussi "la peau" de l'empreinte soudain topographie, provoque un effet de distanciation interrogateur de la réalité au même titre que les travaux photographiques d'Andy Warhol. »

César décide alors d'utiliser ce processus pour réaliser son pouce en plastique. Durant cette période, les polymères gagnent en popularité de manière spectaculaire, et César se trouve particulièrement intéressé par les propriétés expansives d'un nouveau matériau : la mousse de polyuréthane. Cette mousse, un mélange de résines de polyester et d'isocyanates additionné de gaz fréon, a la particularité de gonfler de manière significative à l'air libre avant de se solidifier. Lorsque César commence à l'expérimenter, il commet plusieurs erreurs de dosage, entraînant des débordements de mousse.

« Quand j'ai fait le Pouce, j'ai vraiment eu le sentiment qu'il fallait le faire en plastique. J'ai cherché des résines et j'ai trouvé des mousses de polyuréthane. Un de mes amis, Bruel, sur son bateau-atelier, m'a proposé d'injecter cette mousse dans le

Pouce. Il m'en a mis un petit peu dans un gobelet en carton. La réaction chimique m'a fasciné : j'ai vu un champignon de mousse sortir du gobelet. Finalement je ne m'en suis pas servi pour le Pouce... »

César reconnaît rapidement le caractère amusant de ce matériau. Il l'utilisera pour créer des « Expansions » et, à partir de 1967, mettra en scène des happenings à travers le monde pour partager son émerveillement face à cette réaction chimique avec le public.

Le premier Pouce de César, dressé à la verticale, est dévoilé en 1965 à la galerie Claude Bernard. Il est rouge, fabriqué en résine de polyester et mesure 45 cm. César n'avait le budget que pour un Pouce de cette taille. Dès qu'il a eu les moyens de le faire plus grand, il l'a fait. Ce Pouce fait partie d'une série qui comprend un pouce en métal argenté, un pouce fluorescent et un pouce en plastique mou surmonté d'un ongle dur. Son œuvre est immédiatement remarquée pour son caractère hyperréaliste. Le choix du moulage plutôt que de la sculpture représente un geste audacieux, rompant avec la tradition académique. César, communicateur hors pair, va multiplier son Pouce en diverses matières et dimensions (plastique, nickel, bronze, marbre, cristal, or et même sucre). Dès 1966, il en crée un de deux mètres de hauteur en plâtre. Et pour que son œuvre soit perçue comme un véritable geste de sculpteur, il en réalise rapidement d'autres en bronze et en marbre, matériaux nobles des statues classiques.

Bernard Blistène, qui a été ami de l'artiste et commissaire de la rétrospective au centre Pompidou en 2018, raconte que César avait de magnifiques mains et qu'il utilisait toujours ses doigts – le pouce et l'index – pour mesurer la bonne échelle de l'œuvre dans l'espace. Jusqu'à la fin de sa vie, il continuera à effectuer ce geste qui lui permettait de « cadrer » l'espace.

Mais comment interpréter ce Pouce ? Dans la « Conversation autour d'un pouce » publiée dans *Les Lettres Françaises* en 1965, le critique d'art Georges Boudaille demande à César de dévoiler ses intentions. Il répond : « Tu me fais parler du pouce et je ne veux pas en parler parce que j'ai l'air de vouloir me justifier. C'est ce que je fais qui compte. Si je le fais c'est que j'éprouve le besoin de le faire et je n'ai aucune raison de l'expliquer... Ce pouce est une chose qui me passionne, je l'aime au même titre que mes autres sculptures. On peut me reprocher de ne pas l'avoir fait avec mes mains. Et alors, qu'est-ce qu'on fait du rêve, de l'imagination ? Étant gosse, on a rêvé à des géants et on n'arrivait pas à les imaginer... Je ne veux pas me spécialiser. Je fais ce que j'ai envie de faire, j'estime que cette idée que je viens de mettre au point pour, à travers mon empreinte, réaliser une sculpture, est aussi valable qu'une autre. Cette sculpture, j'en ai pris la responsabilité et la paternité. »

« César préfère laisser à chacun la liberté d'interpréter ses œuvres, explique Bernard Blistène. Il faut

— 284 —

peut-être y voir une création purement intuitive, issue de l'imagination d'un "homme de la main", comme il se définissait lui-même. César travaille aussi bien l'argile que le plastique, et il aime autant manier le ciseau du sculpteur que le bouton d'une machine. »

Cependant, plusieurs interprétations peuvent être faites de ce fragment anatomique, ce pouce dressé vers le ciel pouvant évoquer à la fois la force, la puissance, l'érotisme, l'assentiment, l'optimisme et même le narcissisme.

L'écrivain Philippe Sollers écrit en 1995 dans le catalogue de l'exposition César à Venise : « Ainsi du *Pouce*. C'est une stèle, un obélisque incongru, un signe de salut s'opposant à la mise à mort exigée par le cirque, une empreinte moqueuse et rabelaisienne, une demande d'interruption (Pouce ! je ne joue plus à l'absence de jeu !), une affirmation encore (C'est mon pouce, bravo, tout va bien dans le pire des mondes possibles). Une manifestation ironique, bien sûr, comme le Centaure, cet anarchiste, bouscule les empereurs, les rois, les connétables, les maréchaux et tous les futurs faux César. »

Le Pouce le plus colossal du sculpteur sera installé en 1994 sur la place de La Défense à Puteaux. Mesurant 12 mètres de haut et pesant 18 tonnes, il est réalisé en bronze.

De nombreux Pouces sont aujourd'hui dispersés à travers le monde, dans l'espace public comme dans les collections institutionnelles et privées. En 2007, un Pouce en bronze de six mètres de haut appartenant à des particuliers est acheté par un collectionneur étranger pour 1,2 million d'euros lors d'une vente de prestige à la Foire Internationale d'Art Contemporain (FIAC). Il existe deux autres exemplaires de ce Pouce géant, l'un appartenant à la ville de Marseille, l'autre à la ville de Séoul, réalisé pour les Jeux olympiques d'été de 1988.

En 1989, à l'occasion du bicentenaire de la Révolution, César réalise également pour la ville d'Épinal le moulage en bronze de son index et de son majeur. Les deux doigts en forme de V de la victoire sont baptisés « Liberté ». Mais c'est son Pouce qui est entré dans la culture populaire et qui continue de connaître un succès qui ne se dément pas.

CHAPITRE 28

Vers un pouce mutant ?

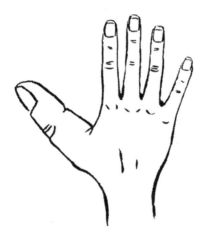

Avec l'avènement des smartphones, des tablettes et des jeux vidéo, certains se demandent si l'utilisation intensive de ces nouveaux outils technologiques ne pourrait pas entraîner, dans le futur, une mutation du pouce en le faisant évoluer vers un doigt beaucoup plus gros.

En 2002, la presse relayait l'hypothèse de l'émergence d'un « pouce mutant » chez les moins de 25 ans, en lien avec une étude publiée par l'unité de recherches sur la culture cybernétique de l'Université de Warwick en Angleterre.

Selon le Dr Sadie Plant, l'autrice de cette étude, qui a publié plusieurs ouvrages sur l'impact des technologies sur la société, l'anatomie du pouce humain était déjà en train de se modifier avec l'utilisation croissante d'appareils tels que les téléphones mobiles et les consoles de jeux.

Pour l'affirmer, la scientifique avait étudié le comportement des jeunes utilisateurs de téléphones portables dans neuf grandes villes du monde, parmi lesquelles Londres, Chicago, Tokyo et Pékin. Elle montrait que pour la nouvelle génération, le pouce était devenu le doigt le plus musclé et le plus habile et que les nouveaux usages technologiques avaient entraîné une mutation physique très rapide, la chercheuse affirmant que ces changements évolutifs auraient dû normalement se produire sur plusieurs décennies. Selon Sadie Plant, « nous faisons évoluer la technologie et, en retour, la technologie nous fait évoluer. Il y a une influence mutuelle ». Au cours de son étude qui a duré six mois, le Dr Plant avait collecté des données auprès de plusieurs centaines d'utilisateurs de téléphones cellulaires. Alors que les personnes les moins habituées aux mobiles écrivaient avec un ou plusieurs doigts, elle a remarqué que les jeunes pianotaient à toute vitesse avec les deux pouces, pratiquement sans regarder le clavier, comme s'ils étaient ambidextres. « Ils font une économie maximale de mouvements en exerçant une simple pression avec le pouce au lieu de tapoter sur le clavier. Il ne fait aucun doute que ce choix d'utiliser les deux pouces a une influence sur l'organisme. Le pouce c'est l'avenir. »

Plusieurs années plus tard, en 2019, une nouvelle étude britannique réalisée par l'entreprise de téléphonie O2 auprès de 2 000 personnes affirmait que l'utilisation excessive du smartphone pouvait entraîner un changement dans la morphologie du pouce. Ce dernier, utilisé pour balayer l'écran tactile, serait en moyenne 15 % plus musclé que celui de la main opposée. Le pouce ne serait pas le seul doigt concerné par des mutations puisque, selon l'étude, l'usage du smartphone entraînerait aussi une déformation de la courbure des auriculaires, moins sollicités en raison de la manière dont les utilisateurs tiennent leur portable.

Sur les 2 000 personnes interrogées, 30 % des utilisateurs de smartphones déclaraient avoir commencé à voir des changements physiologiques dans leurs doigts, qui pourraient être attribués au tapotement de l'écran tactile de leur téléphone. Deux sur cinq (37 % de la population) disaient qu'ils s'attendaient à ce que leur corps évolue au fil du temps avec la transformation de la société et l'usage du smartphone. Les personnes interrogées déclaraient même que leur pouce utilisé pour balayer les écrans de leur téléphone serait déjà 15 % plus grand en moyenne que celui de la main opposée.

Nina Bibby, directrice marketing et consommation chez O2, concluait en disant que « les smartphones

– 289 –

sont devenus une extension de nous-mêmes ; il est difficile de dire où s'arrête notre main et où notre portable commence. Il n'est donc pas surprenant que nos corps changent subitement afin de s'adapter au fait que les mobiles font de plus en plus partie de nos vies ».

Bien que l'idée d'un « pouce mutant » soit fascinante, il est peu probable que l'évolution nous donne un pouce plus gros spécialement conçu pour les écrans tactiles. L'évolution biologique est un processus en général lent et complexe, qui repose entre autres sur des mécanismes de sélection naturelle et de mutation génétique. L'arrivée très récente des smartphones représente une période extrêmement courte à l'échelle évolutive. Pour qu'une caractéristique soit favorisée par la sélection naturelle, elle doit conférer un avantage reproductif ou de survie. Il est peu probable qu'un pouce légèrement plus agile sur un écran tactile confère un avantage reproductif significatif dans notre société.

Même si une mutation génétique aléatoire apparaissait, il faudrait qu'elle soit suffisamment avantageuse pour se propager dans la population. D'autre part, toute adaptation peut avoir des coûts associés. Si un pouce était optimisé pour taper sur des écrans, cela pourrait compromettre d'autres fonctions essentielles de ce doigt, comme la préhension, voire la capacité à taper finement sur les touches d'un smartphone.

Un autre facteur important entre en jeu. Si, à l'instar d'un sportif qui fait davantage travailler certains

— 290 —

muscles, il est normal qu'un pouce très sollicité soit aussi plus musclé, il ne faut pas oublier que la technologie elle-même évolue rapidement. Si, hypothétiquement, notre pouce commençait à muter pour s'adapter aux smartphones actuels, il est probable que la technologie aurait déjà évolué, rendant cette adaptation obsolète. Nombreux sont par exemple les ingénieurs qui misent sur l'avenir des technologies de reconnaissance vocale. On observe d'ailleurs déjà une augmentation de la précision, de la rapidité et de la fiabilité des assistants vocaux et des technologies de reconnaissance vocale qui offrent des avantages pour des tâches comme la recherche d'informations ou la rédaction de longs textes. De nombreux dispositifs modernes, des smartphones aux appareils ménagers intelligents, intègrent déjà les fonctionnalités vocales. Cette tendance pourrait continuer à s'accélérer, rendant l'interaction vocale encore plus courante dans la vie quotidienne. À mesure que les gens prennent conscience des problèmes de santé associés à une utilisation intensive des pouces, comme les tendinites, ils pourraient aussi être plus enclins à adopter des technologies vocales pour réduire ces risques.

Si les améliorations en matière de reconnaissance vocale deviennent la norme, elles pourraient réduire la nécessité d'une interaction manuelle avec les appareils, y compris l'utilisation intensive des pouces pour taper. Par conséquent, toute pression évolutive potentielle sur le pouce pour s'adapter à la frappe intensive sur écran pourrait être atténuée, voire éliminée.

Selon le médecin et anthropologue Alain Froment, spécialiste de l'évolution de l'homme moderne, à moyen terme l'humain n'aura plus besoin de systèmes de saisie avec les doigts. Taper sur des touches pourrait carrément disparaître si l'on imagine par exemple le développement de technologies directement branchées sur le cerveau. La communication entre le cerveau et l'ordinateur se développe à très grande vitesse et l'intelligence artificielle ouvre la voie à des innovations que l'on n'aurait pas crues possibles il y a quelques années. Parmi les plus prometteuses : l'interfaçage neuronal ou interfaces cerveau-machine qui donnent la possibilité de lire l'information provenant du cerveau pour contrôler des objets externes. On pense notamment aux personnes quadriplégiques qui peuvent déplacer un curseur sur un écran grâce à des électrodes positionnées sur le crâne. Par conséquent, il est encore peu probable que le pouce évolue si de telles technologies supplantent dans le futur la frappe sur les écrans.

Alors que nous surfons sur les vagues de l'innovation technologique et que nous assistons à l'émergence d'outils de plus en plus sophistiqués, la nature fondamentale de notre pouce opposable demeure inchangée. Ce doigt qui a joué un rôle crucial dans l'évolution de notre humanité, nous permettant de maîtriser les outils et de transformer notre environnement, ne va pas s'adapter en grossissant, en réponse à la technologie moderne. Au contraire, le pouce va continuer à remplir ses fonctions essentielles de préhension fine et de saisie de force avec

– 292 –

cette pince d'une étonnante simplicité mais d'une extraordinaire efficacité.

La dextérité et la précision qu'offre notre pouce sont inscrites dans nos capacités motrices, et ces caractéristiques demeureront pertinentes pour des tâches allant de l'écriture à la manipulation délicate d'instruments et d'outils, même dans un monde où les écrans tactiles et les interfaces virtuelles vont dominer.

Le pouce opposable est donc bien plus qu'un simple vestige de notre évolution et de l'histoire des primates : il est un pilier de nos interactions avec le monde, un témoin de notre ingéniosité et un outil qui, indépendamment des avancées de notre civilisation, conservera pour longtemps son importance vitale dans la saisie et l'expression de notre humanité.

Bibliographie

Laurence Allain, « Tom Pouce », blog *Diroulire*. https://diroulir.
blogspot.com/2017/02/tom-thumb-ou-lhistoire-de-tom-pouce.
html?q=tom+pouce

Sergio Almécija, Jeroen B. Smaers et William L. Jungers, « The
Evolution of Human and Ape Hand Proportions », *Nature
Communications*, 14 juillet 2015.

Ameline Bardo, Laurent Vigouroux, Raphaël Cornette et
Emmanuelle Pouydebat, « Capacités de manipulation chez des
hominidés : une approche interdisciplinaire liant comportement,
morphologie fonctionnelle et modélisation biomécanique »,
31e Colloque de la Société francophone de Primatologie (SFDP),
Paris, octobre 2018.

Biétry-Rivierre, « Gérôme, un *pompier* en grande pompe »,
Le Figaro, 25 octobre 2010.

Bernard Blistène (dir.), *César*, éditions du Centre Pompidou, 2017.

Jérôme Carcopino, *La Vie quotidienne à Rome à l'apogée de l'Empire*,
Hachette, 1939.

Anthony Corbeill, *Thumbs in Ancient Rome : Pollex as Index*,
Memoirs of the American Academy in Rome, 1997.

Michel Dubuisson, *Quelques idées reçues à propos de Rome*,
Université de Liège. http://web.philo.ulg.ac.be/classiques/wp-
content/uploads/sites/18/2016/05/Rome.pdf

Alain Froment, *Anatomie impertinente*, Odile Jacob, 2013.

Luke Gilman, Dori N. Cage, Adam Horn, Frank Bishop, Warren
P. Klam et Andrew P. Doan, « Tendon Rupture Associated
With Excessive Smartphone Gaming », *JAMA Internal Medicine*,
juin 2015.

Anne-Dominique Gindrat, Magali Chytiris, Myriam Balerna, Éric M. Rouiller et Arko Ghosh, « Use-Dependent Cortical Processing From Fingertips in Touchscreen Phone Users », *Current Biology*, 23 décembre 2014.

Gaëlle Herbert de la Portbarré-Viard, *Symmaque dans le* Contra Symmachum *de Prudence : mise en scène, enjeux et significations d'une « mise à mort » de l'orateur*, Université d'Aix-Marseille, CNRS, TDMAM, Aix-en-Provence, 2018.

Yibo Hu (dir.), « Genomic Evidence for Two Phylogenetic Species and Long-Term Population Bottlenecks in Red Pandas », *Science Advances*, 25 février 2020.

Iowa State University, « Chimpanzees Discovered Making and Using Spears to Hunt Other Primates », *Science Daily*, 23 février 2007.

Stephen Jay Gould, *Le Pouce du panda*, éditions du Seuil, 2014.

La Structure de la théorie de l'évolution, Gallimard, 2006.

Alexandros Karakostis, Daniel Haeufle, Ionna Anastopoulou, Konstantinos Moraitis, Gerhard Hotz, Vangelis Tourloukis et Katerina Harvati, « Biomechanics of the Human Thumb and the Evolution of Dexterity », *Current Biology*, 22 mars 2021.

Pauline Kieliba, Danielle Clode, Roni O. Maimon-Mor et Tamar R. Makin, « Robotic Hand Augmentation Drives Changes in Neural Body Representation », *Science Robotics*, 12 mai 2021.

Tracy L. Kivell, « Human Evolution : Thumbs Up for Efficiency », *Current Biology*, 22 mars 2021.

Sonia Krief et Nathalie Lancelin-Huin, *Le* Monde *insoupçonné de bébé*, Albin Michel, 2022.

J. Norbert Kuhlmann, « Contribution à l'étude de la mobilité pollicale des primates actuels. Plaidoyer en faveur de l'importance du rôle de leur pouce », *Revue de primatologie*, octobre 2012.

Nathalie Lancelin-Huin, *La vie commence avant la naissance*, éditions Josette Lyon, 2019.

Cyril Langlois, « *Australopithecus sediba*, nouvel australopithèque d'Afrique du Sud », ENS Lyon, 30 novembre 2011. https://planet-terre.ens-lyon.fr/ressource/Australopithecus-sediba.xml

« *La Structure de la théorie de l'évolution*, de Stephen Jay Gould », UFR Sciences de la Terre et de la Mer, Université Bordeaux 1, 3 octobre 2007.

Pascal Lardellier, *Le Pouce et la souris. Enquête sur la culture numérique des ados*, Fayard, 2006.

Marjorie Lévêque, *Antiqliché#2 Le pouce vers le bas condamne-t-il un gladiateur ?* https://www.arretetonchar.fr/antiqliche-2-le-pouce-vers-le-bas-condamne-t-il-un-gladiateur/

Michel Lorblanchet, *Art pariétal. Grottes ornées du Quercy*, éditions du Rouergue, 2018.

Sarah Paul, *Les Malformations congénitales du pouce*, Faculté de médecine de l'université Joseph Fourier – CHU de Grenoble, 2015-2017.

Thomas C. Prang, Kristen Ramirez, Mark Grabowski et Scott A. Williams, « *Ardipithecus* Hand Provides Evidence That Humans and Chimpanzees Evolved From an Ancestor with Suspensory Adaptations », *Science Advances*, 24 février 2021.

J.D. Pruetz, P. Bertolani, K. Boyer Ontl, S. Lindshield, M. Shelley et E.G. Wessling, « New Evidence on the Tool-Assisted Hunting Exhibited by Chimpanzees (*Pan Troglodytus Verus*) in a Savannah Habitat at Fongoli, Sénégal », *Royal Society Open Science*, avril 2015.

Gabrielle A. Russo et Liza J. Shapiro, « Reevaluation of the Lumbosacral Region of Oreopithecus bambolii », *Journal of Human Evolution*, septembre 2013.

Michel Serres, *Petite Poucette*, éditions Le Pommier, 2012.

Éric Teyssier, *Communiquer dans l'amphithéâtre sous le Haut Empire*. https://books.openedition.org/cths/1605?lang=fr

Xiaoming Wang, Denise F. Su, Nina G. Jablonski, Xueping Ji, Jay Kelley, Lawrence J. Flynn et Tao Deng, « Earliest Giant Panda False Thumb Suggests Conflicting Demands for Locomotion and Feeding », *Scientific Reports*, 30 juin 2022.

Remerciements

Merci tout d'abord à Lucie Sarfaty, qui a été d'une aide précieuse dans les premières étapes de ce livre en identifiant les nombreux sujets liés au pouce ainsi que les personnes pouvant répondre à mes questions. Sa documentation et son travail préparatoire ont été un socle pour avancer dans l'écriture de cet ouvrage.

Un immense merci à tous les scientifiques et spécialistes qui ont accepté de répondre à mes questions et qui ont ensuite pris le temps de relire le manuscrit pour me faire part des inexactitudes, des erreurs ou des oublis.

Je remercie ainsi : Jean Pruvost, Brigitte Senut, Valérie Bisror, Alain Froment, Gilles Tosello, Denis Duboule, Marie-Hélène Moncel, Éric Teyssier, Bruno David, Pascal Lardellier, Dominique Le Nen, Bernard Blistène, Antoine Compagnon, Patrick Fellus, Nathalie Lancelin-Huin, Jean-François Le Garrec, Ameline Bardo, Michel Desmurget, Guillaume Daver, Michel Lorblanchet, Sabrina Krief, Emmanuelle Pouydebat, Nicolas Liucci Goutnikov et Périnne Diot.

Merci à Tommy pour les dessins.

Merci aux équipes de Grasset, et en particulier à Charles Dantzig qui m'a donné un sacré coup de pouce en me suggérant le thème de ce livre.

Table des matières

Introduction.. 11

1. Le pouce et le dicopathe 17
2. Unité métrique 22
3. Le pouce opposable 29
4. Il y a deux millions d'années................................ 55
5. L'outil, une étape majeure pour l'humanité............... 59
6. Cousin chimp'... 78
7. La main des grottes 92
8. Le grand chantier des gènes 101
9. Anatomie et préhension.. 117
10. Baby pouce... 124
11. Orthodontie 145
12. Lorsque le pouce fait mal.................................... 152
13. Un pouce dans le cerveau.................................... 169
14. La tribu du pouce 180
15. Like a pouce 185
16. Pincer pour zoomer 194
17. Robotique et éthique.. 199
18. Le pouce du panda 208
19. Les héros du pouce.. 218
20. Gladiateurs et fake antique.................................. 230
21. Un *Essai* de Montaigne 240
22. Communications 245
23. Auto-stop et pouceux... 250
24. Manger sur le pouce 253
25. Poucettes de torture 263

26. La bague au pouce	273
27. Ave César (Baldaccini)	279
28. Vers un pouce mutant ?	287

| Bibliographie | 295 |
| Remerciements | 298 |

Cet ouvrage a été achevé d'imprimer sur Roto-Page
par l'Imprimerie Floch à Mayenne
pour le compte des éditions Grasset
en mars 2024

Mise en pages par PCA

N° d'édition : 23150 – N° d'impression : 104497
Dépôt légal : avril 2024
Imprimé en France